古建筑木结构
抗震机理研究

孟宪杰 ——— 著

化学工业出版社

·北京·

内容简介

本书共 7 章，在介绍了中国古建筑木结构的发展历史及木结构的构造特点的基础上，梳理了木结构抗震性能的研究动态，针对现有研究的不足，作者通过自制的木结构缩尺模型进行了研究，主要包括新型木结构拟静力测试系统、水平往复荷载作用下的木构架变形、整体木构架滞回性能、柱架层和斗拱层滞回性能、基于能量的木构架抗震机理分析和木构架抗震机理的数值模拟分析。

本书对于从事古建筑抗震研究、修缮加固、结构研究的专业人员具有较好的实用参考价值，也可供高等学校土木工程及相关专业师生参阅。

图书在版编目（CIP）数据

古建筑木结构抗震机理研究 / 孟宪杰著. 一北京：化学工业出版社，2022.1（**2022.11重印**）
ISBN 978-7-122-40247-9

Ⅰ. ①古… Ⅱ. ①孟… Ⅲ. ①木结构-古建筑-抗震性能-研究-中国 Ⅳ. ①TU366.2②TU352.1

中国版本图书馆 CIP 数据核字（2021）第 226738 号

责任编辑：刘　婧　刘兴春
责任校对：王　静
装帧设计：刘丽华

出版发行：化学工业出版社（北京市东城区青年湖南街 13 号　邮政编码 100011）
印　　装：北京七彩京通数码快印有限公司
710mm×1000mm　1/16　印张12½　字数218千字
2022 年 11 月北京第 1 版第 3 次印刷

购书咨询：010-64518888
售后服务：010-64518899
网　　址：http://www.cip.com.cn
凡购买本书，如有缺损质量问题，本社销售中心负责调换。

定　　价：85.00 元

前言

木结构在中国建筑史中占据极其重要的地位，不同形式、体量的木结构可以满足从普通民舍到皇帝宫殿等各种需求。据统计，木结构古建筑占我国古建筑总量的 50% 以上，而房屋类建筑中，以木构架承重的建筑占到 90% 以上。木结构古建筑作为一种"不可移动文物"，俨然已成为我国历史记忆、文化发展和文明进步的载体，价值历久而弥新。

古建筑木结构因其构造独特而性能优越，目前仍有多座千年以上的木结构古建筑得以留存，为中国传统文化和古人建筑技术的研究提供了重要素材。然而，自然环境的侵蚀、荷载的持续作用、偶发地震灾害等导致现存的古建筑木结构承载性能显著降低，木结构文化的传承面临很大的威胁，尤其是在地震作用下突然性倒塌的风险剧增。对这些建筑的修缮加固是使其"延年益寿"的主要途径，改善或恢复其抗震性能是修缮加固工作的重要内容。科学地研究传统木结构的抗震性能、合理地揭示木结构的抗震机理是木结构抗震加固的重要前提，也是进行木结构修缮工作的重要参考。

本书针对中国传统木结构的抗震性能及抗震机理进行了深入的分析和讨论。全书共 7 章，全面总结了国内外古建筑木结构抗震性能研究现状及发展动态，详细介绍了宋式梁-柱-斗拱木构架模型的拟静力测试，得到了木构架在水平往复荷载作用下的变形特征，首次分析了水平加载导致的木构架竖向运动，系统分析了整体木构架、斗拱层、柱架层的滞回特性，评价了重复加载对木构架滞回性能的影响，创新性地提出了基于重力势能转化的木构架抗震机理。

本书有助于推进古建筑木结构抗震研究的发展，具有较高的实用价值和参考价值，可为相关领域的科研工作者提供新的思路，为广大科研工作者和古建筑爱好者提供很好的素材，为现存木结构的修缮加固提供科学的支撑。

在本书出版之际，感谢李铁英教授，王志华教授、刘晖总工程师对本书内容的指导；感谢太原理工大学、山西建设投资集团博士后工作站提供的良好科研和办公条件；感谢国家自然科学基金项目（52108465）、中国博士后科学基金项目（2020M670696）的资助。

限于著者水平及撰写时间，书中难免有不妥和疏漏之处，敬请各位读者批评指正。

著　者

2021 年 9 月

目录

---·- **3** -·-

水平往复荷载作用下的木构架变形

4

整体木构架滞回性能

5

柱架层和斗拱层滞回性能

6

基于能量的木构架抗震机理分析

木构架抗震机理的数值模拟分析

附录

参考文献

1

绪 论

1.1 概述

1.1.1 中国古建筑木结构发展历史

木结构是我国古建筑的主要形式，它源于自然，利用自然，但也高于自然。木结构古建筑灵活的建筑风格、合理的建筑布局、巧夺天工的建筑技术以及悠久的建筑历史，使得木结构具有很高的文物、历史和艺术价值，它不仅是我国宝贵的历史遗产，也是世界建筑史上不可缺少的组成。木结构古建筑作为一种古老的建筑形式，它已不仅是一座住宅、一条走廊、一座古塔，它们是历史的传承，也是历史的见证，对木结构古建筑的研究也是对历史的认知过程。

木结构在我国已有数千年的发展，建筑为满足人们的生存需求而产生，木结构古建筑亦是如此，木材由于其易于取材、易于加工的特性以及良好的建筑性能，成为最初最受青睐的建筑材料之一。迄今为止，发现的最早的木结构遗迹位于浙江余姚河姆渡，也就是我们熟知的河姆渡遗址（图1-1），该遗迹距今已有约七千年的历史。据考古发现，现场的木结构建筑遗物除

图1-1　河姆渡遗址残留的木构件

了有柱、梁、枋、板外，还有许多我们现在熟知的榫卯节点，说明当时人们对木材的使用已经有一定的水平。数千年的历史长河中，木结构建筑技术不断发展、成熟，逐步形成了完善的建造方法，其发展史总体上可分为七个阶段[1]。

（1）第一阶段：从原始时期到战国（公元前474年）

这一时期是木结构的产生阶段，此期间相关文献与建筑遗址都较为匮乏。在此期间，人类只掌握了一些简单石制工具的使用，生产力极其落后，只能对木材进行简单加工，建造一些粗陋的木结构建筑，但此时的建筑中也有一些简单的木构件连接，如河姆渡遗址中的榫卯连接，可见这一时期虽然生产力落后，但也可以看到木结构的雏形，是以后木结构发展的基石。

（2）第二阶段：从战国到西汉末（公元前475～公元25年）

这个阶段只有一些建筑遗址及间接资料，如燕下都、邯郸、临淄，最近几年发掘的秦都栎阳，西汉时在内蒙古、新疆一带的屯垦城市，长安几个大规模的建筑遗址，以及刻画在铜器上的建筑图像等，这一时期以夯土和木构架组成的高台建筑为主。另外，在此期间诞生了我国最早的建筑学文献《周礼·考工记》，文中记载了取正定平的方法、木工的经验和技能、尺寸观念与等级制度，并着重阐述了城市布局、城墙高度和道路宽度等方面的问题，表明我国在战国时期就产生了较系统的城市规划理论和较精巧的建造技能。

（3）第三阶段：从东汉初到南北朝末（公元25～580年）

这一时期有了丰富的资料可供考证，除了一些建筑遗址和各种间接资料外，有东汉时期仿照木结构形式雕成的石阙和大量雕刻、绘画上的描绘实景的建筑图像，南北朝的佛教石窟中有仿照木结构雕琢成的窟廊和许多表现木结构建筑的雕刻，使我们对这一时期的木结构技术有了比较具体的了解。这一时期的高台建筑已被淘汰，多层木结构建筑兴起，到南北朝时已能建造高达9层的木结构佛塔，其建筑规模和水平造就了我国古建筑发展的第一个高峰。抬梁式、穿斗式、干栏式和井干式等中国古建筑木构架的基本形式已全部出现（图1-2）。

（4）第四阶段：从隋初到五代末（公元581～960年）

从这一阶段才开始有了木结构建筑的实例，这些实例让我们对古建筑木结构有了更加具体的认识，也大大丰富了木结构的内容。隋代完成了全国

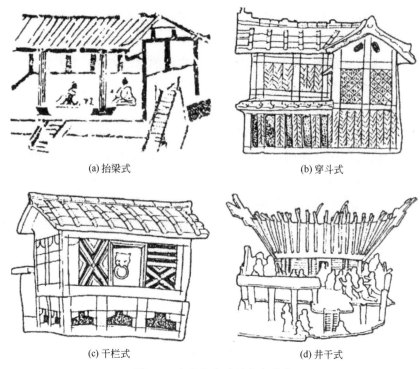

(a) 抬梁式　　　　　　　　　　　　(b) 穿斗式

(c) 干栏式　　　　　　　　　　　　(d) 井干式

图 1-2　木结构古建筑基本形式

统一的局面，虽然时间短，却为以后的发展奠定了基础。唐代是我国封建社会经济、文化发展的高峰，也是我国古建筑发展的第二个高峰：斗栱的结构形式取得了飞跃的发展，创造出了全新的被宋代称为"殿堂"的总体构架形式；柱采用侧脚和生起，既加强了结构的整体性和稳定性，又增加了建筑的外观美感，体现了中国古建筑刚与柔、力与美、技术与艺术有机结合的典型特点；梁、柱、斗、栱、昂等木结构构件的种类及耳平欹顜、卷杀、举折及比例等形式均已稳定，以后长期变化不大。

（5）第五阶段：从辽到元末（公元 961～1368 年）

这一阶段遗留下的木结构实例更多，数量远远超过唐代，代表着中国古建筑发展过程中最灿烂的一页，如世界最高的木塔——佛宫寺释迦塔（又称"应县木塔"）［图 1-3(a)］、中国最古老的木阁楼建筑——独乐寺观音阁［图 1-3(b)］及太原晋祠圣母殿［图 1-3(c)］。建筑风格更加柔和、绚丽，装饰和色彩更加丰富。与隋唐相比，木构架技术更加完善精细：柱头设置普拍枋，并利用暗销将柱头、普拍枋和栌斗连为一体，增强了结构的整体性；阑额与柱采用透榫连接，加大了转角处的刚度；普遍采用侧脚和生起；采用拼合梁和拼合柱；斗栱高度与檐柱的高度比由唐代的 40%～50%减至 30%，使结构体型更加匀称，同时突出了斗栱的装饰作用；高层木结构中使用叉柱造、永定柱造和缠柱造等立柱方法；出现减柱、移柱做法，叉手和斜撑应用较多。这一时期产生了中国古建筑发展史上最重要的一部建筑巨著《营造法式》，是建筑技术进一步科学化、规范化的标志。

(b) 独乐寺观音阁

(a) 应县木塔

(c) 圣母殿

图 1-3　辽至元末典型木结构

（6）第六阶段：从明到清末鸦片战争（公元 1369～1840 年）

这一阶段保存的实物最为丰富，这一阶段初期的建筑，仅仅在形式上还能看到《营造法式》的影子，更多的是新形式以及新结构的形成，如北京故宫中许多明代建筑（图 1-4）、昌平的长陵等，就是这一时期的代表作品。明代成为继汉、唐以后古建筑发展的最后一个高峰期，明故宫是现存最完整的古建筑群。该时期木结构技术的变化主要体现在以下几个方面：

①　以斗口为模数的建筑设计更加规范化、标准化；

图 1-4 故宫太和殿

② 大木作向加强构架整体性、斗栱装饰化和简化施工方向发展，如阁楼建筑中用通柱式构架取代层叠式构架及角柱生起和檐柱侧脚等做法逐渐被取消等；

③ 屋顶曲线设计用举架代替举折，加快了屋盖由平缓向陡峭的转变过程；

④ 大量使用拼合梁柱并出现了砖木混合结构形式。

明清时期主要的建筑著作有《鲁班经》《园冶》《工程做法则例》等。《鲁班经》是至今流传于南方民间木工行业的专业著作，全书共分三卷，涉及施工规范和要求、桥梁、仓廪、钟鼓楼及相宅秘诀等内容；《园冶》为中国历史上第一部造园专著，所包含的造园理论和技术开启了清代造园的新高峰；《工程做法则例》为继《营造法式》之后清代官方颁布的又一套全面系统的建筑设计规范，分为工程做法和工料定额两部分，简化了斗口的计算标准，明确区分了大式和小式，至今仍为古建筑设计和修复的依据。然而自 16世纪以后，木结构建筑无论在形式还是技术上，仅保持着之前的水平，极少有新的改进，出现长期停滞的状况，甚至还有某些倒退现象。

（7）第七阶段：1841 年至今

鸦片战争成为中国近代建筑发展的开端，此后传统的木结构发展受到很大的限制，取而代之的是西方建筑类型和建筑技术的大量涌入，在这一时期更多的是对木结构古建筑的研究与保护工作。现代，在经历了钢筋混凝土、钢结构之后，木结构又开始兴起，现代木结构作为一种"新颖"的建筑结构，又将进入一个新的发展时期。

这七个发展阶段，涵盖了中国木结构建筑由无到有，兴衰交替的发展历程，木结构的发展过程也是人类文化发展的过程，每一时期的木结构都有当时的文化特点，从遗留下来的木结构建筑中，我们或多或少也可以了解到当时的社会现状以及社会生产力发展水平，除此之外，历经千年风雨，它们也成了历史的记录者。

1.1.2　宋式大木作构造及技术特点

（1）材份制

《营造法式》[2]中用以确定房屋构架规模尺度的方法叫做材份制，也就是古代的模数制。全书中最重要的一卷"大木作制度"第一条就开宗明义地对"材"进行了解释——"凡构屋之制，皆以材为祖。材有八等，度屋之大小，因而用之"，由此可以看出材在宋代房屋建筑中的重要地位。材决定了大木结构的一切尺寸、比例，《营造法式》中也表明了材的这一重要意义："凡屋宇之高深，名物之短长，曲直举折之势，规矩绳墨之宜，皆以所用材之分，以为制度焉。"《营造法式》中对材的分数进行了规定："各以其材为广，分为十五分，以十分为厚"，表明了材的高宽比为3:2。除材之外，还有"栔"和"足材"两个辅助单位。《营造法式》中写到"栔广六分，厚四分"，"六分"这个长度是指上下两层拱或者枋之间的平和欹的高度，"栔"的高宽比也为3:2。"材"加上"栔"叫做足材，如图1-5所示。

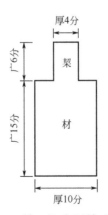

图 1-5　材、栔（足材）图示

《营造法式》对材规定了八等，供不同性质、规模的建筑选用。每等材的分值、材广（高）和应用范围如表1-1所列。八等材是按强度划分的，尤其一～六等材，相邻两等材的截面强度虽不同，但有比较均匀的比值，以下一等材代替上一等材时，增加的应力最多不超过1/3，以便于对房屋的某些局部可以减少用材。使用材份制以材为标准来决定所有构件的尺寸，实际上简化了建筑设计的程序，而且便于估算工料、提前预制构件，做到多座房屋同时修建，提高施工效率。

※ 表1-1　八种材等适用情况及尺寸

材等	使用范围	分的大小	材的尺寸/寸		栔的尺寸/寸	
			高（15分）	宽（10分）	高（6分）	宽（4分）
一等材	殿身九至十一间	0.6	9	6	3.6	2.4
二等材	殿身五至七间	0.55	8.25	5.5	3.3	2.2
三等材	殿身三至五间，厅堂七间	0.5	7.5	5	3.0	2.0
四等材	殿身三间，厅堂五间	0.48	7.2	4.8	2.88	1.92
五等材	殿身小三间，厅堂大三间	0.44	6.6	4.4	2.64	1.76
六等材	亭榭或小厅堂	0.4	6	4	2.4	1.6
七等材	小殿及亭榭等	0.35	5.25	3.5	2.1	1.4
八等材	殿内藻井，小亭榭	0.3	4.5	3	1.8	1.2

（2）结构类型及特点

《营造法式》中大木作总体上可分为殿阁式、厅堂式、柱梁作三类[3]。

1）殿阁式

殿阁式（图1-6）木构架是一种"层叠式构架"，它是由若干层次分明的木构架上下相叠而成，一座殿宇包含柱架层、铺作层、屋盖层三层，而一座楼阁则再叠加若干柱架层和铺作层。

柱架层由高度基本相同的内、外柱组成，仅由于角柱"生起"而使各柱的高度略有参差。各檐柱之间仅靠一圈阑额和地栿来联系，檐柱与内柱之间则无直接联络构件，因此框架的整体性差，必须依靠厚墙或斜撑承担水平外荷载。虽然有此缺陷，但由于柱高划一，室内空间完整，斗拱纵横罗列，气势堂皇，往往用于高级殿堂结构。

铺作层是木构架最复杂的部分，由拱、昂、枋等纵横交叠而成，是支承屋架和挑檐的支座，屋顶重量通过斗拱而传至柱头，同时又起到华丽的

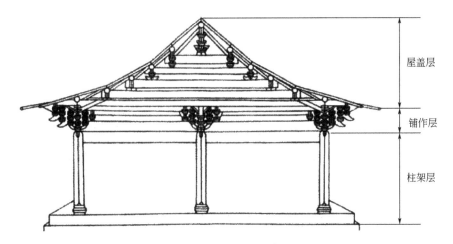

图 1-6　殿阁式木构架

装饰作用。根据铺设位置不同，铺作可分为柱头铺作、补间铺作和转角铺作三种，其中柱头铺作位于柱头上，是承托屋檐重量的主体；补间铺作位于两柱之间，起辅助支撑作用；转角铺作位于转角柱上，支撑屋盖转角部位的重量。

屋盖层由屋架、屋面和屋脊组成；屋架主要包括槫、椽、角梁、连檐、蜀柱和枨杆等构件；屋面各层次自下至上为铺衬、结瓦铺衬用土和瓪瓪瓦等；屋脊分为正脊、垂脊和戗脊等，由当沟瓦、线道瓦、条子瓦、合脊瓪瓦和结瓦用土等构成。屋面荷载通过椽、槫而传于草栿、角梁，再分别传于柱头铺作和转角铺作，最后由各铺作下的栌枓传于柱头上。

2）厅堂式

厅堂式（图 1-7）木构架是一种混合整体构架。相比殿阁式，厅堂式的

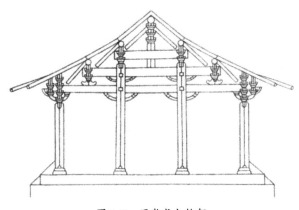

图 1-7　厅堂式木构架

等级没有那么高，用材相对较小。但它作为一种混合整体架构，比殿阁式更具整体的稳定性。厅堂式木构架最明显的两个特征是：a. 内外柱不等高，内柱通常高于外柱；b. 室内往往不施天花，作彻上露明造，也就是将梁架都暴露出来，不分明栿与草栿。除此之外，外侧梁栿后尾往往会插入内柱，同时在横向与纵向上都会用很多串来联络各柱，这些串穿插在立柱内，类似江南穿斗式建筑。

与殿阁式一样，厅堂式同样有铺作、替木、驼峰等加固与美化的构件。其中铺作与梁枋结合更为紧密，梁枋承托屋顶，再加上串对立柱的联络，使得整个木构架成为一个稳固的整体，而不像殿阁式可以划分为相对独立的三部分。同时，厅堂式也更为灵活，成为运用最多的官式建筑木构架类型。

3）柱梁作

柱梁作是一种整体构架，用于殿阁及厅堂以外的次要屋宇，即余屋。柱梁作是柱与梁直接结合的构架方式，一般不设铺作，或是柱上安栌斗和替木的"单斗只替"的一类做法。

1.1.3　古建筑木结构研究价值

木结构在中国建筑史上有辉煌的历史，占据极其重要的地位。据统计，木结构古建筑占我国古建筑总量的 50%以上，而房屋类建筑中，以木构架承重的建筑占到 90%以上。木结构能得到如此广泛的应用，一方面是由于木材作为一种天然的建筑材料，具有取材便利及便于加工等先天优势；另一方面木结构表现出的卓越的承载性能也进一步促使其成为一种主流的古建筑形式。然而，随着社会发展，传统木结构建筑已经很难满足人们日益增长的对住房的需求，同时大量开采木材对环境造成的损害也日益突显，进一步制约了木结构的发展和应用。虽然木结构已不是当下主流的建筑形式，但作为我国历史记忆、文化发展、文明进步的载体，木结构古建筑仍具有举足轻重的地位。作为古人智慧的结晶，传统木结构中蕴藏很多值得当代人学习的建筑理念，这种理念需要得到继承并有望应用于主流的建筑设计中；作为文化的传承，传统木结构的重要性远远超出其本身的建筑功能，尤其是屹立上千年的木结构建筑。因而，对传统木结构的研究，是对中国传统文化的传承，也是向古人学习的过程。

中国传统木结构虽然具有优越的承载性能，甚至历经千年不倒，但自然环境的侵蚀、荷载的持续作用、偶发灾难（地震、大风）等使得木材材性劣化、构件连接松动、构件有效截面减小等，导致古建筑木结构承载和变形能力显著降低。针对中国一些典型的木结构古建筑，学者们进行了其实体的损伤勘查和损伤背景调查：如位于山西省应县的应县木塔（建于 1056 年），经历 4～7 级的地震达 50 多次，木塔底部三层多数梁端部损伤严重而使其局部有效承载面积明显减小，二、三层倾斜严重，结构抵御地震的能力显著减弱[4]。天津市蓟州区独乐寺观音阁（建于公元 636 年，公元 984 年重建），经历至少 28 次地震，导致构件连接松动，继续抵御荷载的能力日益减弱[5]；山西万荣的飞云楼（建于公元 1400 年）历经沧桑，多个梁类构件端部截面尺寸减小明显，各类节点缝隙宽大，承载能力明显减小[6]。

汶川、芦山地震后，学者们对当地古建筑木结构的破坏情况进行了现场调研：谢启芳[7,8]、潘毅[9-11]、周乾[12]调查了汶川地震中古建筑的震害情况，对木结构的震害规律进行了总结分析；张风亮[13]、潘毅[14]对芦山地震后灾区内的古建筑典型震害情况进行了详细的分析，探讨了木结构中各构件、节点的破坏原因。这些学者的调查研究表明，木结构古建筑有较好的抵抗地震的能力，地震中主体结构不易出现整体倒塌，但地基基础的破坏、木构件及节点的损伤也会严重降低结构的承载性能，并提出了木结构修缮加固的必要性。

现存木结构古建筑中的损伤严重影响其继续抵抗地震作用的能力，为使木结构文化能久远地传承，修缮加固工作亟待进行，而科学地研究传统木结构的抗震性能、合理地揭示木结构的抗震机理是木结构抗震加固的重要前提，也是进行木结构修缮工作的重要参考。

1.2　古建筑木结构抗震性能研究现状

传统中国木结构以梁柱架和斗拱组成的木框架为承载体系，墙体主要起填充作用。屋顶的竖向荷载通过斗拱层传至柱架层，再传至基础，形成了完善的竖向传力体系；柱架层与基础的平摆浮搁连接，梁柱间的榫卯连接及斗拱节点共同构成了具有多重隔震减震层次的结构体系，现存的许多木结构历经千年沧桑，充分展现了其卓越的抗震性能。柱脚平摆浮搁、梁柱榫卯连接以及斗拱节点是中国传统木结构独具特色的结构构造，学者们对木结构抗震性能的研究也往往从这些特殊的节点构造入手，以揭示这些构造在结构抗震中所发挥的作用。相比之下，对由梁、柱及斗拱组成的整体木构架抗震性能和抗震机理的研究较少。此外，由于传统木结构柱底平摆浮搁的连接特性，水平荷载作用下结构的摇摆特性也逐渐引起了学者们的重视。

1.2.1 柱脚节点研究现状

由于柱底平摆浮搁式的连接，在地震及其他水平荷载作用下，木结构柱可能会出现如图 1-8 所示的滑移、摇摆和滑移摇摆等变形。薛建阳等[15]、张鹏程等[16]、高大峰等[17]及赵鸿铁等[18]均指出了柱脚滑移对木结构抗震的有利作用，柱脚摩擦滑移一方面降低了地震传至上部结构的作用力，起到隔震作用；另一方面减小了地震中结构产生整体倾覆的可能性，增加了结构的安全度。王晖等[19]通过试验和有限元分析也得到柱脚滑移机制可明显增强木结构的抗震能力，并且相对于铰接，柱脚平摆浮搁连接更有利于结构耗能。

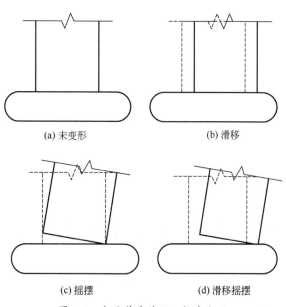

(a) 未变形　　　　　　　　　　(b) 滑移

(c) 摇摆　　　　　　　　　　(d) 滑移摇摆

图 1-8　水平荷载作用下柱脚变形

姚侃等[20]和孙启智等[21]研究了木结构柱脚的滑移机制，给出了判定柱脚滑移的条件：前者的研究表明，当柱根加速度反应与重力加速度的比值超过柱与础石间的静摩擦系数时，柱脚就会发生滑动；后者提出当柱脚产生的水平作用力大于柱与础石间的最大静摩擦力时，柱脚会产生滑动。二者得出的结论本质上是一样的；此外，二者的研究均表明，柱脚的滑移量仅在大震下较显著，当水平加速度值较小时，柱脚和础石间不会产生明显的相对滑动，说明此时柱以摇摆变形为主。

贺俊筱等[22-24]对参照《营造法式》制作的足尺七等材单柱模型的拟静力测试表明，水平反复荷载作用下木结构柱更易沿柱脚边缘转动而产生摇摆［图1-9(a)］，并且在测试过程中柱脚未出现滑移现象；木柱的滞回曲线有明显的捏拢效应［图1-9(b)］，表明其耗能能力较弱；柱脚节点具有较大的初始转动刚度，随着柱顶水平位移增大，其刚度产生明显退化，说明柱的抗侧移能力随着变形增大而下降；柱脚恢复弯矩、转动刚度及柱脚边缘

(a) 柱摇摆

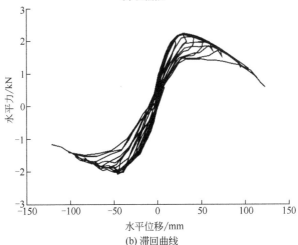

(b) 滞回曲线

图1-9　水平反复荷载作用下的柱摇摆及其滞回曲线[23]

应变均随竖向荷载的增大而增大，竖向荷载的增大也会增加摇摆过程中柱底的有效受压面积。贺俊筱等[24]和 Qin 等[25]研究了木结构柱高径比对其抗侧移能力的影响，结果表明木结构柱的侧移刚度、耗能能力和极限弯矩抵抗力均随柱高径比的增大而降低，但随着柱变形量的增大，高径比对其侧移刚度的影响下降。He 等[26]和 Wang 等[27,28]理论计算了柱脚恢复弯矩，并通过有限元分析对理论结果予以验证，结果表明柱脚节点在摇摆过程中可提供一定的恢复弯矩，以抵抗水平外荷载作用下的结构倾覆。潘毅等[29]分析了柱脚节点的受压状态，并对木柱的摇摆过程进行分类，给出了不同摇摆过程的判定条件，建立了柱脚节点的弯矩-转角（M-θ）力学模型。

1.2.2　榫卯节点研究现状

传统木结构中梁柱间榫卯连接所采用的榫头形式主要有燕尾榫、直榫等。燕尾榫由于其榫头外大内小的特征，具有更好的抗拔性能，而考虑到安装方便，其主要用于柱顶与横梁连接处［图 1-10(a)］，但经改良后也可

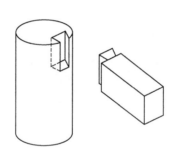

(a) 柱顶燕尾榫连接

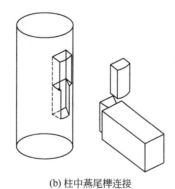

(b) 柱中燕尾榫连接

图 1-10　燕尾榫连接

用于柱中连接 [图 1-10(b)]。直榫沿榫头在长度方向是等厚的,又可分为单向直榫 [图 1-11(a)]、透榫 [图 1-11(b)]、半榫 [图 1-11(c)] 三类。这些榫卯节点在水平外荷载作用下,既可以发生转动,同时转动引起的榫头和卯口的咬合力增加使节点产生一定的弯矩抵抗能力,因而榫卯节点既非铰结点,也非刚结点,而是一种具有半刚性结点性质的连接[30-32]。

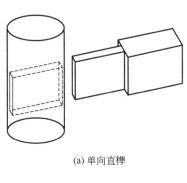

(a) 单向直榫

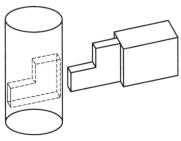

(b) 透榫

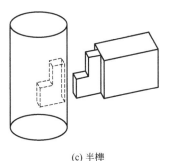

(c) 半榫

图 1-11　直榫连接

高大峰等[33,34]、姚侃等[35]、赵鸿铁等[36]、徐明刚等[37]、周乾等[38]和 Chen 等[39]通过拟静力测试研究了燕尾榫节点的工作机制及滞回特征;研究结果表明，榫卯节点刚度不大，对梁柱约束作用较小，水平反复荷载作用下榫头和卯口不断相互挤压并发生形变，使两者间的咬合作用力下降，榫头将逐渐从卯口拔出并最终导致木结构破坏；实际工作中的燕尾榫节点根据所受外荷载的不同可表现出铰接、半刚接和刚接三种连接性质；榫头和卯口间的摩擦滑移使榫卯节点具有较好的耗能能力，滞回曲线较饱满（图 1-12），该特性是木结构古建筑抗震性能良好的重要因素；榫卯节点刚度变化为非线性变化，节点经历了构造连接、滑移阶段、工作阶段和破坏阶段四个阶段。Li 等[40,41]对双跨木构架的水平反复加载测试表明，燕尾榫节点的最终破坏形态为拔榫破坏，梁柱间采用榫卯连接使结构具有相当好的延性，其延性指数在 9～19 之间；当延性指数大于 10 时，结构的耗能因子约为 0.25，表明结构有较好的耗能性能。谢启芳等[42]研究了尺寸效应对燕尾榫节点抗震性能的影响，其结果表明模型比例越大，水平荷载作用下拔榫现象越显著，拔榫量与模型比例呈正比；随着模型比例增大，燕尾榫节点的弯矩抵抗能力和刚度均增大，但与模型比例不是等比例增大。

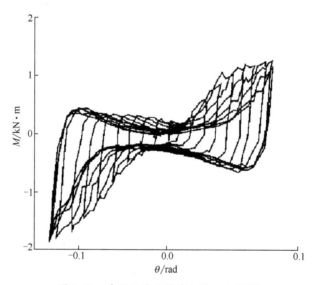

图 1-12　典型的燕尾榫节点滞回曲线[36]

　　谢启芳等[43]、Chen 等[44]、潘毅等[45]根据燕尾榫节点的变形和受力机理，理论分析了燕尾榫节点转角和弯矩间的关系，并与试验结果进行了对比，结果表明理论计算结果与试验结果能较好地吻合。杨娜等[46]基于分式析因设计技术并结合有限元模拟，定量分析了榫高、榫长等 7 个因素对燕尾榫节点初始转动刚度和极限弯矩抵抗能力的影响,其研究表明,榫高、榫长和摩擦因数对以上两性能指标的影响程度最大,榫头宽度的增大会减小节点的刚度。

陆伟东等[47]对三榀单向直榫连接的木构架进行了水平反复加载测试,得出直榫连接的木构架具有较好的变形能力,木构架刚度随水平位移增大呈现出先增大后减小的变化趋势,并且随着木构架柱尺寸的增大和柱间距的减小,结构的承载力和刚度均增大。陈春超和邱洪兴[48]对三个单向直榫节点的单向受弯测试和理论分析表明,直榫节点的最终破坏形式为脱榫破坏,节点的弯矩抵抗力主要来自榫头和卯口相对转动引起的榫头上下表面和卯口间的挤压应力及两者之间的摩擦力,并且直榫节点弯矩和转角间的关系可简化为由上升段和下降段组成的双折线模型。潘毅等[49]、谢启芳等[50]和孙俊等[51]根据直榫节点的变形特征和受力机理理论推导了节点弯矩和转角的关系,并分析了影响节点抗弯性能的因素;研究结果表明,榫头上下表面受压区域对节点抗弯性能影响最大,榫头端部受压区影响较小;相比于榫头高度,榫头长度对节点的抗弯性能影响更大,在一定范围内,随着榫头长度增加,节点的初始转动刚度和弯矩抵抗能力均明显增大;榫头和卯口间的摩擦系数增加可在一定程度上增加节点的弯矩抵抗能力,但对节点的初始转动刚度几乎不产生影响。

赵鸿铁等[52]对透榫连接的木构架进行的水平反复加载测试表明,透榫节点的滞回曲线呈较饱满的反 Z 形,节点表现出较好的耗能能力和变形性能,节点耗能主要来自榫头和卯口间的摩擦滑移;随着变形增大,节点经历弹性阶段、屈服阶段和强化阶段三个阶段,节点刚度呈非线性退化。许涛等[53]对不同拔榫状态下的透榫节点进行了竖向加载测试,结果表明透榫节点的初始拔榫量越大,榫头越容易出现弯曲破坏,破坏形式越接近脆性破坏,节点的承载力越低;节点在受力过程中,可分为铰接阶段和刚接阶段。陈春超和邱洪兴[54]对透榫节点受弯性能的研究表明,透榫节点的最终破坏为榫头变截面处沿顺纹方向的拉裂破坏和榫头下侧的弯曲破坏;节点的弯矩抵抗力主要来自小出部分与卯口间的相互作用力;透榫节点的弯矩和转角间的关系可简化为由滑移段、弹性段和塑性段组成的三折线模型。薛建阳等[55]借助有限元分析研究了影响透榫节点受力性能的因素,结果表明榫头高度和摩擦系数增大均会增加透榫节点的转动刚度和弯矩抵抗能力。潘毅等[56]分析了透榫节点的构造特征与受力机理,建立其数值模型,用试验数据验证了该数值模型的正确性，并分析了节点缝隙、木材横纹弹性模量和大榫头长度对透榫节点受弯承载力的影响。

　　为探究不同类型榫卯节点承载性能的差异，一些学者对不同榫卯连接形式进行了对比研究。隋龑等[57,58]对透榫节点和燕尾榫节点的水平反复加载测试表明，相对于透榫节点，燕尾榫节点初始刚度较小，刚度退化更快，但两种节点均表现出较好的耗能性能。淳庆等[59,60]对不同榫卯节点抗震性能的研究表明，不同榫卯节点的水平抗侧刚度关系为：燕尾榫＞半榫＞十字箍头榫＞馒头榫；不同榫卯节点的耗能关系为：燕尾榫＞半榫＞馒头榫＞十字箍头榫。陈春超等[61]对透榫、半榫和十字箍头榫的研究表明，半榫节点主要发生脱榫破坏，而透榫和十字箍头榫则会在榫头变截面处产生顺纹撕裂破坏。高永林等[62]研究了摩擦系数对不同形式榫卯节点抗震性能的影响，结果表明摩擦系数对透榫节点耗能和刚度的影响比对燕尾榫节点的影响更大，而摩擦系数改变均不会影响各节点的延性。谢启芳等[63]对不同类型直榫节点抗震性能的研究表明，单向直榫节点的滞回曲线相对于透榫和半榫节点更加饱满，且正反向滞回曲线具有较好的对称性；单向直榫节点和透榫节点转动刚度和承载力接近，且均比半榫节点大。

　　由于榫卯节点是一种完全装配而成的连接形式，因而榫头和卯口间不可避免地存在或大或小的缝隙，对于经历过长期荷载作用的木结构而言，缝隙会更加显著。对此，薛建阳等[64-66]，张锡成等[67]，陈春超等[44,48,54,61]研究了缝隙对榫卯节点抗震性能的影响。研究结果均表明，榫卯节点缝隙的存在会降低节点的紧密度，从而降低节点的耗能能力、刚度及弯矩抵抗能力，加剧节点的转动变形，并且榫头上侧缝隙比端部缝隙影响更大。

　　此外，Yue[68]研究了不同榫卯连接的受力性能，揭示了榫卯节点性能的地域性特征。Huang 等[69]对中国穿斗式传统木结构抗震性能的研究表明，穿斗式木构架表现出较好的耗能和变形性能，但水平抗侧刚度较低，榫卯节点对结构抗震起着非常重要的作用。

1.2.3　斗拱节点研究现状

　　张鹏程等[70]对参照《营造法式》制作的 1:3.52 斗拱节点缩尺模型进行了拟静力测试，指出斗拱的层间摩擦滑移起到耗能减震的作用，并且斗拱通过其自身转动可将水平地震输入能量转化为重力势能。吴磊[71]和隋龚等[72-75]通过单朵斗拱、双朵斗拱及四朵斗拱模型的拟静力测试，得到斗拱节点的滞回曲线（图 1-13）和刚度变化特征，建立了斗拱层的双线型线性强化弹塑性模型，并指出斗拱层摩擦滑移的耗能减震作用是木结构抗震性能良好的原因之一。高大峰等[76]测试了 4 攒斗拱协同工作时的抗震性能，结果表明斗拱结构层具有较好的水平变形能力；水平反复荷载作用下斗拱层刚度产生明显退化，其退化规律可用指数函数表征；斗拱层耗能量及耗能能力均随水平位移的增大而增大。

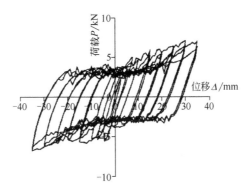

图 1-13　典型斗拱节点滞回曲线[74]

　　袁建力等[77]参照应县木塔典型斗拱节点制作了三个 1:3 缩尺模型，并对模型进行了水平反复加载测试，指出斗栱的抗侧移刚度随着竖向荷载的增大而增大，斗拱变形表现为整体偏心受压转动和构件间相对滑移的组合，摩擦剪切耗能是斗栱耗散能量的主要方式。基于实体模型的试验参数，袁建力等[78]还提出了基于摩擦-剪切耗能的斗拱有限元简化模型，有限元模型的模拟结果与试验结果能较好地吻合。

　　邵云等[79]对六朵宋式斗拱及一攒清式斗拱足尺模型进行了拟静力测试，结果表明斗拱整体性较好，水平反复荷载作用下，斗拱各构件本身不会破坏失效，仅产生脱榫或折榫；随着斗拱跳数的增加，其抗侧刚度和承载能力均有一定的减小。周乾等[80,81]对故宫太和殿一层和二层典型斗拱节点 1:2 比例模型进行了水平反复加载测试，结果表明斗拱耗能能力较好但自身恢复力较差，且随着水平位移增大斗拱耗能能力增强；随着水变形增大，斗拱节点刚度产生明显退化，但不同类型斗拱（柱头科、平身科、角科）刚度退化程度有所差异。

高大峰等[82]基于斗拱节点和榫卯节点的拟静力测试结果，引入了量化节点耗能能力的"滞回耗能因子"，并对斗拱和榫卯节点的耗能因子进行了计算，其研究结果表明斗拱节点的耗能因子比榫卯节点高1~2个数量级，斗拱节点对木结构抗震起着更重要的作用。薛建阳等[83,84]将柱架层和斗拱层作为木结构的两个耗能构件，分别计算了两个耗能构件在水平反复荷载作用下的"抵抗破坏潜能"及各构件耗散的能量，其研究结果表明，地震过程中斗拱层耗散的能量较少，木结构耗能主要来自榫卯节点的转动耗能，并且随着地震强度增大，柱架层耗能占整体结构耗能的比例增大。吴亚杰等[85]给出了斗栱节点竖向荷载和水平荷载共同作用下抗侧弹性极限荷载点、峰值荷载点及其切线刚度的计算方法，建立了斗栱节点抗侧荷载-位移关系的解析模型。

Fujita 等[86]对日本传统木结构中的斗拱节点进行了水平动力和静力加载测试，建立了斗拱的三段式荷载-位移关系模型，该模型的刚度由理论计算的横纹受压弹性变形及构件间的摩擦决定。Tsuwa 等[87]测试了三种不同尺寸日本典型斗拱的动力性能，结果表明小尺寸斗拱的位移主要由转动引起，中大尺寸斗拱的位移由转动和滑移共同决定。

D'Ayala 等[88]对中国台湾叠斗节点足尺模型进行了转动和受拉测试，结果表明节点的转动刚度取决于所施加的竖向荷载，而水平侧移刚度不受竖向荷载的影响。Yeo 等[89]对不同竖向和水平荷载组合下的足尺叠斗模型进行了拟静力测试，研究了叠斗节点的弹性和屈服后的结构性能，并根据模型的破坏模式建立了节点的力学模型。此外，Yeo 等[90,91]对叠斗节点的动力测试表明，叠斗结构的刚度与竖向荷载和输入的外荷载均明显相关；较大的地震烈度下，节点破坏加剧，并且节点破坏从底部开展逐渐向上蔓延；相邻构件接触面间的摩擦力对维持结构的整体性非常重要，当地震荷载超过构件接触面间的摩擦力，会导致结构产生非弹性形变。

1.2.4 整体结构研究现状

木结构古建筑中单个构件（梁、柱）或局部结构（斗拱节点、榫卯节点或梁柱构架）的相应研究仅能反映其局部特征，而由梁、柱及斗拱组成的木结构古建筑主要承载体系抗震性能的研究才能更好地反映实际木结构的承载性能。

张鹏程等[92]、薛建阳等[93,94]、隋龚等[95]、赵鸿铁等[96]对按照《营造法式》制作的含梁柱架和斗拱层的整体木结构 1:3.52 缩尺模型进行了振动台测试，结果表明整体木构架具有较好的抗震能力；结构位移反应沿结构高度呈倒三角分布，上部结构反应最大；斗拱层和柱脚都是通过摩擦滑移耗能，两者耗能相近，榫卯节点耗能能力最强，对整体结构抗震性能影响较大；随着地震输入增大，柱脚滑移隔振、斗拱和榫卯节点的耗能减震能力越来越强。

谢启芳等[97]对西安钟楼整体结构 1:6 缩尺模型的动力测试表明，地震作用下木结构斗拱层中的栌斗、散斗、横栱易产生损伤，柱架层榫卯节点出现轻微的拔榫现象；随着地震作用的增强，结构振动频率下降，阻尼比增大，并且结构阻尼比比其他刚度较大的结构明显要高，结构有较好的耗能能力；结构表现出良好的变形能力，最大层间位移角达到 1/22 也不会倒塌；传统木结构中的斗拱和榫卯节点具有良好的耗能减震能力，木结构各层的动力放大系数均小于 1。Wu 等[98]对一个七层木塔的 1:5 缩尺模型进行了动力测试，研究了木塔的频率、阻尼、位移响应等动力特性，其结果表明，木塔具有较好的抗震性能，结构水平位移达到结构高度的 1/36 时，仅在斗拱节点出现少量的裂缝；木结构在经历大震作用后，结构性能有很好的自恢复特性，同一地震强度测试前后，木塔频率相差不到 16%；随着地震强度增大，木塔频率显著下降，木构件间静摩擦力向动摩擦力的转变，以及榫卯节点的拔榫是可能导致结构频率变化的主要原因。周乾等[99]以故宫某木结构古建筑为研究对象，制作了一个含柱架、斗拱、屋顶、墙体等构造的 1:2 整体木结构缩尺模型，并对该模型进行了动力测试，结果表明水平地震力作用下，木结构变形以柱架层摇摆为主，斗拱层和屋顶接近整体平动；榫卯节点的减震性能最好，斗拱层次之，柱脚摩擦滑移耗能最弱；大震作用下，填充墙倒塌，但木构架仍可继续承载。

近年来，太原理工大学李铁英教授课题组[100-103]针对中国传统宋式木结构，进行了包含梁柱架和斗拱的整体结构拟静力测试，揭示了此类木结构变形能力好、耗能能力弱的结构特性，并且结构的变形主要反映于柱架层的摇摆。

Suzuki 等[104]、Maeno 等[105,106]日本学者针对传统日本木结构古建筑，测试了包含梁柱及斗拱的整体木构架的抗震性能，研究结果表明此类木结构的恢复力一部分来自柱摇摆，另一部分来自榫卯节点的弯矩抵抗力；结构变形较小时，其恢复力主要来自柱摇摆，随着结构变形增大，榫卯节点的作用越来越显著；竖向荷载明显影响柱摇摆产生的恢复力。Yeo 等[107,108]进行了中国台湾叠斗式整体木结构的拟静力测试，结果表明整体木结构的水平变形主要由柱摇摆控制，结构上部构件（柱以上）类似刚体运动；柱摇摆及榫卯节点是木结构恢复力的主要来源，斗拱层处于次要地位；竖向荷载的增大可以显著增大结构的刚度及水平承载力，梁柱节点的强化也可增加整体结构的稳定性。

1.2.5　摇摆特性的初步研究

传统木结构由于柱底平摆浮搁的连接特性，水平荷载作用下可以产生摇摆变形。日本学者 Mashima[109]较早地提出了柱摇摆的机理，后来众多学者也针对传统日本木结构的摇摆特性做了许多试验和理论研究[104-106,110-113]。Maeda[113]指出柱摇摆对此类木结构抵抗水平外荷载有重要作用，甚至有 70%以上结构恢复力来自柱的摇摆。

然而，对于中国传统木结构摇摆特性的研究还处于初步阶段。单独对斗拱层或榫卯节点的研究，很难反映出结构的摇摆特性，而将柱底以铰接简化进行柱架层的水平加载测试，也不能完全反映结构的摇摆特征。现今，木结构的摇摆特性引起了越来越多的从事中国传统木结构抗震性能研究工作的学者们的注意，无论是对单柱摇摆特征的试验研究和理论分析[22-24,26-28]，还是对整体结构的振动台测试[97-99]，均已在一定程度上反映出结构的摇摆特性。张凤亮等[114]基于摇摆柱的原理对传统木结构的抗侧弯矩进行了计算，计算结果与试验结果能较好地吻合。李铁英课题组[100-103]对整体木结构的拟静力测试，进一步揭示了木结构的摇摆特性，为后续研究工作提供了很好的借鉴。

高潮等[115]将三维古建筑木结构柱简化为平面刚体模型，研究了水平地震作用下木柱的非线性响应，分析了木柱静止、滑移、摇摆和滑移摇摆四种运动状态的判定及不同运动状态下木柱对地震能量的转化和耗散过程，并分析了正弦激励下木柱的响应特征。

万佳等[116]将传统木构架简化为由柱支撑、斗拱层和屋架层为整体的二维平面分析模型（图 1-14），研究了水平加速度作用下古建木构架的动力响应，指出木构架有静止、滑移、摇摆和滑移摇摆四种初始运动状态，并理论分析了以上四种运动状态的判定条件以及影响木构架初始运动状态的因素。

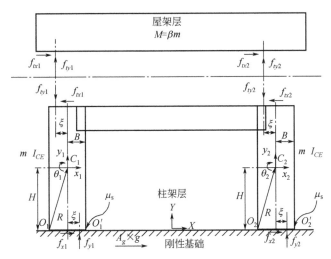

图 1-14　古建木构架二维平面分析简化模型[116]

C_1，C_2—各柱质心；B—柱半径；H—1/2 柱高，ξ—力作用线到柱中轴的距离；m—单柱质量；M—屋架层质量；β—质量比；μ_s—柱底与基础间的静摩擦系数；I_{CE}—柱对质心的转动惯量；f_{x1}，f_{x2}—各柱底受到的水平摩擦力；f_{y1}，f_{y2}—各柱底受到的垂直支持力；f_{tx1}，f_{tx2}—各柱顶和屋架层间的水平作用力；f_{ty1}，f_{ty2}—各柱顶和屋架层间的垂直作用力；x_1，x_2—各柱质心相对于基础在水平方向上的位移；y_1，y_2—各柱质心相对于基础在垂直方向上的位移；θ_1，θ_2—各柱质心的转动角；g—重力加速度；A_g—水平加速度与 g 的比值；O_1，O_1'，O_2，O_2'—柱脚转动支点

在以上研究基础上，Gao 等[117]将斗拱简化为倒置的梯形，建立了如图 1-15 所示的分析模型，进一步研究了一榀唐代木构架的摇摆响应，指出木构架产生摇摆的最小水平激励仅取决于柱的几何尺寸，提出了木构架摇摆碰撞能量耗散模型，阐明了木柱长细比对木构架碰撞耗能的影响，分析了木构架摇摆倾覆的临界条件。

此外，薛建阳等[118]将柱架简化为摇摆柱，将斗拱层简化为剪弯杆，提出了单层殿堂式古建筑木结构的两质点"摇摆-剪弯"动力分析模型，该模型能较好地反映木结构在水平地震作用下的动力反应；王娟等[119]以唐代殿堂型木构架中的木柱为研究对象，将柱摇摆过程划分为六个子状态，得到各子状态的几何条件、平衡条件、接触面应力分布关系，并建立了摇摆柱抗侧力-柱头水平位移力学模型。

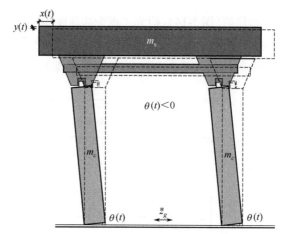

图 1-15　一榀木构架理论分析模型[117]

$\theta(t)$—柱脚抬升角度；m_c—柱质量；m_s—屋架层质量；$x(t)$—结构水平位移；
$y(t)$—结构竖向位移；$\ddot{z}_\mathrm{g}$—水平地面加速度

1.3　本书研究内容

总结已有研究可以看出，众多学者对传统木结构抗震性能的研究已取得了显著的成果，尤其是对木结构中典型的节点如柱脚节点、斗拱节点及榫卯节点的结构性能及抗震机理已有深入的认识，但仍存在以下不足：

① 对单个节点的研究仅能反映木结构的局部特征，各节点在整体结构中的工作情况可能与单独测试不同，从目前研究来看，对由梁柱架层及斗拱层所构成的整体结构抗震性能的研究还很欠缺；

② 对整体木结构进行的动力测试能在一定程度上反映结构的抗震性能，但无法细化结构受力和变形阶段；日本学者虽然进行了整体木结构的拟静力测试，但其研究对象针对日本传统木结构，与中国传统木结构相比，两者虽然有很大的相似性，如柱底平摆浮搁、榫卯节点和斗拱节点的应用，但也有明显的差别，如日本传统木结构的相邻两柱间有更多的横梁，并且两者在节点构造上也有明显差异；

③ 现存的木结构古建筑遭遇过多次地震作用，而现有模型试验无法反映此类木结构经历地震作用后的结构性能变化，及其承受多次地震的能力；

④ 现有对整体木结构的拟静力测试仅分析了整体结构的滞回性能，并

未对斗拱层和柱架层各自的滞回性能及其在结构中的作用进一步细化分析，难以与现有的研究成果对比；

⑤ 虽然已有很多学者认识到木结构摇摆特性对其抵抗地震作用的重要性，但目前的研究多集中于现象表征，对结构摇摆可能产生的竖向运动关注甚少，也未深入量化分析结构摇摆所发挥的作用。

基于现有研究存在的不足，本书通过对含柱架层和斗拱层的整体木构架的拟静力测试及有限元分析对以下问题进行研究：

① 按照《营造法式》制作一个 1:2 四柱整体木结构缩尺模型，对该模型进行不同竖向荷载下的拟静力测试，研究整体结构的滞回性能；对该模型进行同一竖向荷载下重复加载测试，研究加载历程对结构滞回性能的影响，并对此类木结构承受多次地震作用的能力做出评价；

② 根据模型试验结果建立能够反映整体木结构滞回特性的恢复力模型；

③ 进一步细化分析斗拱层和柱架层各结构层的滞回性能及其在结构中的作用；

④ 研究水平荷载作用下结构由其摇摆引起的竖向运动；考虑结构的竖向抬升性质，从能量的角度深入分析此类木结构的抗震机理。

2

新型木结构拟静力测试系统

2.1　拟静力试验

2.1.1　加载制度

拟静力试验又称低周反复加载试验，它以一定的荷载或者位移作为控制值对结构或试件进行水平往复推拉测试，以研究结构在模拟地震作用下的力学性能和破坏机理，其本质是利用静力加载的方式模拟地震对结构物的作用。

拟静力试验广泛应用于混凝土结构、钢结构、砌体结构、木结构、组合结构构件及节点的抗震性能测试。根据试验目的的不同，常用的加载制度有位移控制加载、作用力控制加载以及作用力和位移混合控制加载三种。

（1）位移控制加载

位移控制加载是目前结构拟静力试验最为常用的加载制度。位移控制加载是在加载过程中以位移（包括线位移、角位移、曲率或应变等）作为控制值，按照一定的位移增幅进行循环加载。当试验对象具有明确的屈服点时，一般以屈服位移的倍数为控制值；当构件不具有明确的屈服点时，则由研究者制订一个恰当的位移值来控制试验加载。

（2）作用力控制加载

作用力控制加载方法是以作用力作为控制值。按照一定的作用力幅值进行循环加载，然而这种加载方法在试验中很容易因为构件屈服后难以控制加载力而发生失控现象，所以在实际试验中这种加载方法较少单独使用。

（3）作用力和位移混合控制加载

混合控制加载是在试验中先控制作用力后控制位移的加载方法。试件屈服前，由初始设定的控制力值开始加载，逐级增加控制力，接近开裂和屈服荷载时宜减小级差加载，一直加到试件屈服，试件屈服后再用位移控制加载。采用位移控制加载时，标准位移值应为屈服时试件的最大位移值，并以该位移值的倍数为级差进行控制加载，直到结构破坏。

2.1.2　测试系统

拟静力测试系统通常包含水平加载装置、竖向加载装置、反力支撑装置及数据采集装置等。加载设备主要用推拉千斤顶或电液伺服结构试验系统装置，并用计算机进行试验控制和数据采集。电液伺服加载器或液压千斤顶一端与试件连接，另一端与反力装置连接，以便给结构施加作用。同时，试件也需要固定并模拟实际边界条件，因此，反力装置都是拟静力加载试验中所必需的。目前，常用的反力装置主要有反力墙、反力台座、门式刚架、反力架和相应的各种组合荷载架。为了真实获得结构的反应，试验装置与加载设备需要满足设计受力条件和实际边界条件，并且反力装置的刚度、强度和稳定性也需满足要求。图 2-1 为典型拟静力试验加载系统。

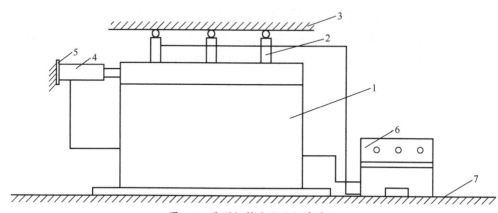

图 2-1　典型拟静力试验加载系统

1—试件；2—竖向加载液压装置；3—竖向加载反力装置；4—水平往复加载装置；
5—水平加载反力装置；6—液压加载控制台；7—基底

2.2　试验模型设计

2.2.1　模型介绍

本次试验参照《营造法式》中的七等材殿堂图样，设计制作了一个包含斗拱层和柱架层的 1:2 四柱木构架缩尺模型，模型采用俄罗斯进口樟子松制作，其物理力学性质详见书后附录 A。如图 2-2 所示，木构架模型分为柱架层和斗拱层两部分。柱架层（图 2-3）包含 4 根柱、4 个阑额和 4 个普拍枋，并通过榫卯节点连接成为整体，正交的两个普拍枋采用搭扣式榫卯连接；斗拱层包含 4 个斗拱节点、10 个素枋 1 和 2 个素枋 2，素枋 2 比素枋 1 高出 27mm，以便施加上部竖向荷载。斗拱层和柱架层通过柱头馒头榫连接，该馒头榫贯穿普拍枋并上下各伸入柱头和栌枓 27mm，增加了结构的整体性。

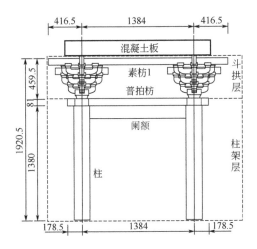

(a) 正视图

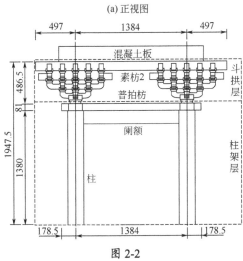

图 2-2

(b) 侧视图

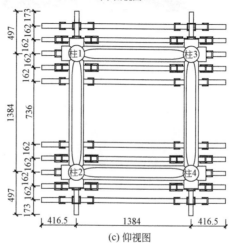

(c) 仰视图

图 2-2　木构架模型三视图（单位：mm）

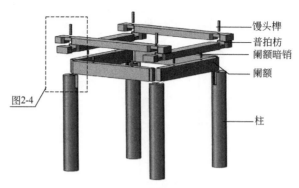

馒头榫

普拍枋

阑额暗销

阑额

图2-4

柱

图 2-3　柱架层详图

柱与阑额采用燕尾榫连接，如图 2-4 所示。木结构中梁与柱间使用榫卯连接可以追溯到大约 7000 年前，最早见于河姆渡遗址中的干栏式木结构建筑中。在古时，使用榫头和卯口是将梁与柱连接在一起最方便和经济的方法，但最初的连接方式相对简单，在以后的使用过程中梁柱连接基于众多工程经验进行了很多演变和发展。宋式木结构建筑中的榫卯连接已相对成熟，节点的承载性能也有了很大的改善。榫头和卯口用于将梁与柱连接在一起形成主要承载框架，普拍枋位于柱和斗拱之间，用于扩大栌枓底部的承载区域，并将荷载从斗拱节点传递到柱子，馒头榫的采用一方面便于各构件的就位安装，另一方面也增加了节点的整体性。

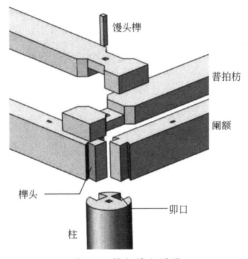

图 2-4　榫卯节点详图

实际的木结构建筑中，柱脚节点通常采用平摆浮搁的连接方式，即柱直接搁置于柱础石上。本次测试中，为了满足木构架模型与后文所介绍的水平加载装置的协同变形，柱底未设置础石，将柱直接搁置于实验室混凝土地板上。为保证柱底受力及变形特性接近实际建筑，对搁置柱脚的混凝土地板区域进行了处理，以保证木构架模型柱底与混凝土地面间的摩擦系数等于或接近实际木结构与础石间的摩擦系数。这样，既能够保证试验进行的有利条件，又能反映实际结构的承载性能。此外，传统木结构往往采用大屋顶的形式，屋顶质量及刚度较大，根据相关文献[120,121]，屋顶可采用混凝土板代替。本次试验中也将屋顶荷载进行了简化，将屋顶用等质量的混凝土板代换，混凝土板置于结构顶部，与素枋2直接接触（图2-2），并通过两者之间的摩擦力传递水平荷载。

斗拱节点采用"二跳五铺作"形式，如图2-5所示，节点包含的构件主要有栌斗、华栱、泥道栱、慢栱、散斗、交互斗、瓜子栱、令栱、柱头枋、耍头。

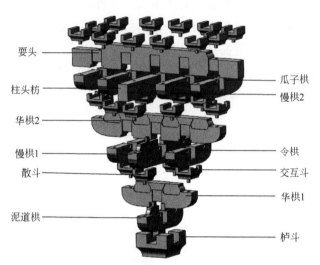

图2-5 斗拱节点详图

表2-1汇总了木构架中所有木构件的尺寸和数量。

※ 表2-1 木构件尺寸及数量

构件名称	构件长度/mm	截面尺寸/mm	数量/个	构件名称	构件长度/mm	截面尺寸/mm	数量/个
柱	1380	194.5	4	阑额	1297.5	108×162	4
普拍枋	1741	173×81	4	栌斗	173	173×108	4
泥道栱	335	54×81	4	华栱1	389	54×113.5	4
散斗	86	76×54	80	交互斗	97	86×54	16
慢栱1	497	54×81	4	瓜子栱	335	54×81	8
华栱2	714	54×113.5	4	柱头枋	659	54×81	4
慢栱2	497	54×81	8	令栱	389	54×81	8
耍头	919	54×113.5	4	素枋1	2217	54×81	10
素枋2	2378	54×108	2				

2.2.2 模型制作安装

木构架模型的制作委托山西定襄晟龙木雕公司，由经验丰富的木匠加工完成。构件制作完成后运输至太原理工大学结构实验室，并进行组装。如图 2-6 所示，木构架模型的主要组装过程为：4 个柱子的定位→安装 4 个阑额→在阑额和柱顶插入暗销→安装普拍枋→安装 4 个栌斗→斗拱节点安装→安装素枋 1→安装素枋 2。由于加工现场与实验室温湿度相差较大，安装好的木构架在实验室静置，待其含水率稳定后开始正式加载测试，竖向混凝土配重荷载在正式测试时施加。

(a) 柱架层组装

(b) 安装栌斗

(c) 安装斗拱

(d) 安装素枋

图 2-6　木构架组装

2.2.3 构件初始缺陷记录

　　木材作为一种天然的建筑材料，往往存在一些如裂缝、木节等初始缺陷。水平加载测试后，这些初始缺陷，尤其是裂缝，可能会进一步发展，木构件中也可能会有新裂缝的产生。为将木构件中的初始缺陷和由加载所造成的损伤加以区分，测试前对木构件中存在的初始缺陷进行测量、拍照记录。

　　木构件初始缺陷主要分为两类。一类是裂缝缺陷，该类缺陷很难避免，主要由环境温度、湿度的变化导致木材产生干缩。裂缝的存在会破坏木材的完整性，裂缝的形式以及裂缝的宽度、深度对木材的力学性质有着不同程度的影响，同时裂缝对木材性质的影响与荷载的性质以及荷载的方向也有很大的关系，所以裂缝的存在使得木材各向异性的性质更明显。另一类缺陷是木材中的木节，木节是木材中普遍存在的一种自然缺陷，在大大小小的木结构材料中，经常会有大小不同的木节，除了在木材表面存在，木材内部也会有一些隐生节。木节一般质地紧密，其木纹方向也与树干方向不一致，其周围的木材纹理也会变得扭曲，在荷载作用下，有木节存在在区域受力情况较复杂，容易出现应力集中的情况，更容易发生破坏，降低了木材的强度。

　　木构件初始缺陷表征采用编号定位、测量及拍照记录的方式，以便于试验前后的对比分析。图 2-7 所示为部分构件的缺陷记录图片。

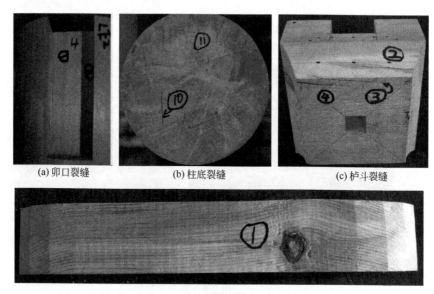

(a) 卯口裂缝　　　　(b) 柱底裂缝　　　　(c) 栌斗裂缝

(d) 阑额木节

图 2-7　部分木构件初始缺陷图片

2.3 加载系统设计

2.3.1 基于摇摆的水平加载设计思路

　　如上所述，传统拟静力测试中，水平反复荷载通常采用作动器施加。然而，古建筑木结构由于其特殊的节点构造，尤其是柱脚平摆浮搁的连接，导致传统拟静力测试方法用于古建筑木结构测试有明显的缺陷。图 2-8 为采用作动器对木构架施加水平荷载的示意图。从图中可以看出，水平荷载作用下，由于木构架模型的摇摆，其上方的质量块将会产生竖向运动。由于作动器必须固定于反力架上，因而其仅能沿某一固定的水平方向施加荷载，这种情况下，作动器的加载点将随质量块的竖向运动而不断变化，此外，作动器与配重块的连接还可能限制结构的竖向运动，不能完全反映结构的变形特征。对于较小的试验模型，由结构摇摆抬升引起的加载点偏移可以忽略不计。然而，本次研究所采用的模型尺寸较大，如果不考虑加载点的偏移将产生较大的试验误差，特别是在结构产生较大的水平变形时，因而现有加载装置不适用于本次测试。

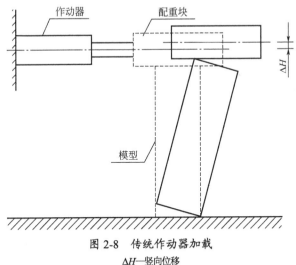

图 2-8　传统作动器加载

ΔH—竖向位移

　　基于以上分析，本书设计并采用了一种新型的通过位移控制加载的同步加载装置。如图 2-9 所示，该加载装置的设计原理为，在施力点和木构架模型间增加一个摇摆柱，该摇摆柱与模型配重块通过一个两端铰接的二力杆相连，并且保证初始安装时杆处于绝对水平状态。摇摆柱柱底设计为与木构架柱底相同的连接形式，保证摇摆柱柱脚可自由抬升。这样，在未施加水平荷载时，木构架柱和摇摆柱均处于直立状态，此时二力杆处于水平；施加外荷载后，从图中可以看出，当木构架产生大小为 θ 的倾角时，摇摆柱同样转过大小为 θ 的角度，两者能够同步摇摆，使得二力杆两端产生的竖向抬升量相同，从而能够保证二力杆始终处于水平状态，并且在整个测试期间加载点都不会改变。此外，由于水平荷载并不直接施加于木构架模型，而是通过摇摆柱和二力杆传递到结构上，因而只要保证摇摆柱与木构架能够同步变形，无论荷载 F 的方向如何，都能保证施加于结构的荷载沿水平方向。

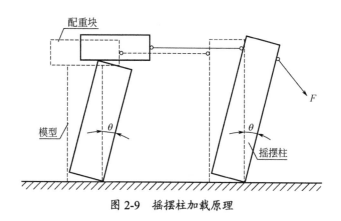

图 2-9　摇摆柱加载原理

2.3.2　水平加载系统设计

基于以上摇摆柱加载的设计理念，本次研究设计并制作了如图 2-10 所示的水平加载装置系统。由于测试模型为轴心对称结构，水平加载装置系统也采用对称设计。如图 2-10(a) 所示，该加载系统主要由 2 个手拉葫芦、2 根钢绞线、4 个定滑轮、2 个摇摆柱、2 个应力杆、2 个连系钢梁组成。通过手拉葫芦人工缓慢施加位移荷载，该位移荷载通过钢绞线传递到摇摆柱，在此过程中，两侧的定滑轮起到导向作用，传递到摇摆柱的位移荷载通过应力杆传递到混凝土配重块上，混凝土板与应力杆通过一个连系钢梁连接以分布荷载。木构架水平位移的产生主要依靠混凝土块与素枋 2 之间的摩擦力。安装时必须保证定滑轮、摇摆柱及木构架的中心在同一水平线上，避免结构产生扭转变形。

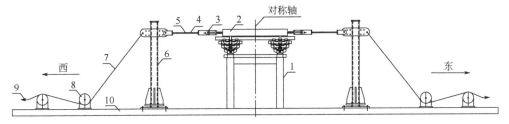

(a) 加载系统示意

(b) 摇摆柱与木构架连接

(c) 加载部分

(d) 摇摆柱柱脚构造

图 2-10 水平加载装置系统

1—木构架模型；2—预制混凝土板；3—连系钢梁；4—应力杆；5—倾角传感器；
6—摇摆柱；7—钢绞线；8—定滑轮；9—手拉葫芦

　　摇摆柱柱身采用 $\Phi245\times10$ 焊接钢管制作，钢材牌号为 Q235B。柱身上的连接件一侧与钢绞线相连，另一侧与应力杆相连 [图 2-10(b)]，从而传递位移荷载。摇摆柱柱脚构造如图 2-10(d) 所示，固定底板通过膨胀螺栓与混凝土地面锚固，球形螺栓一端与摇摆柱底板连接，另一端放置于球形凹槽中形成铰支点，试验过程中，摇摆柱可以绕该支点转动。为实现摇摆柱与木构架柱的同步摇摆，需保证球形螺栓的间距与木构架柱径相同，如图 2-11 所示，当木构架柱向任一方向转动时，摇摆柱向同样的方向转动相同的角度，从而保证作用于结构的荷载始终保持水平。

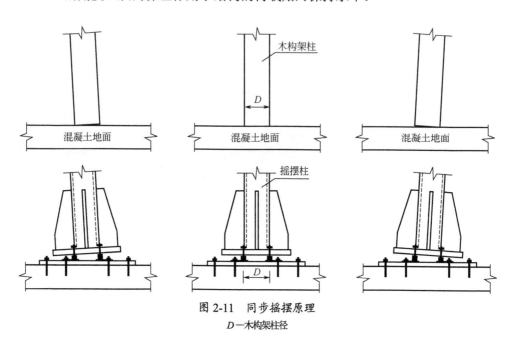

图 2-11　同步摇摆原理

D—木构架柱径

2.3.3　竖向加载设计

屋顶荷载采用等质量的混凝土板替代，计算屋顶荷载时，首先按照《营造法式》确定屋顶的形式，并对屋架、屋脊和屋面进行设计，然后计算不同工况下（晴天、雨天、雪天）的屋顶荷载。陈金永等[122]已对屋顶荷载的计算进行了详细的描述，由其计算结果可知，晴天、雨天、雪天对应于该缩尺模型的屋顶荷载分别为 37.47kN、38.38kN 和 43.02kN，本次研究取最大竖向荷载设计值为 45kN。为得到不同竖向荷载下木结构的抗震性能，将此竖向荷载分三级施加于木构架模型，每级增加 15kN，即一级竖向荷载为 15kN、二级竖向荷载为 30kN、三级竖向荷载为 45kN。试验制作了 3 块长 1.8m、宽 1.8m、厚 0.18m 的混凝土板，其重量分别为 14.95kN（#1）、14.75kN（#2）和 14.50kN（#3），如图 2-12 所示。此外，水平加载装置中用于分布荷载的连系钢梁（重 5.6kN）直接与配重块相连，该荷载也作用于木构架，因而实际的三级竖向荷载分别是 20.55kN（L1）、35.35kN（L2）和 49.85kN（L3）。

图 2-12 模型试验所用配重块

2.4 数据采集装置

2.4.1 位移传感器设计

本次研究根据应变片及桥路原理设计并制作了用于测量木构架水平和竖向变形的位移传感器（见本书附录 2）。如图 2-13 所示，手柄、弹性长薄型钢片（位移应变转换梁）及应变片是组成该位移传感器的主要元件。手柄开槽端用于连接弹性钢片，另一端用于固定位移传感器；2 个应变片以"T"形排列方式粘贴于靠近固定端的钢片表面，并以半桥连接方式与应变采集装置相连。

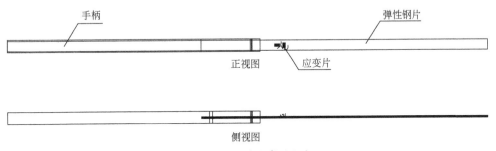

图 2-13 位移传感器组成

如图 2-14 所示，该位移传感器使用时需配以专用的轨道，弹性钢片伸入轨道的部分为自由段，轨道与钢片固定端之间的区域为变形段。变形测量过程中，钢片固定端到轨道的垂直距离是固定的，因而随着钢片弯曲变形的增大，自由段的长度会不断减小，测量较大的位移时必须预留足够长的自由段。对于不同的位移 S，弹性钢片端部会产生不同应变μ，该应变变化可反映于粘贴于钢片表面的应变片，并通过应变采集系统获得应变数据，从而建立位移与应变的关系。实际使用过程中，可时时监测并采集弹性钢片的应变，根据已建立的位移与应变的关系，就可计算得到实际的位移值。此外，通过改变轨道方向，该位移传感器既可用于木构架水平位移测量和也可用于竖向位移测量。

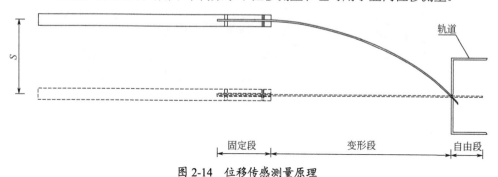

图 2-14　位移传感测量原理

位移传感器使用前必须进行标定（图 2-15），即建立位移与应变的关系。

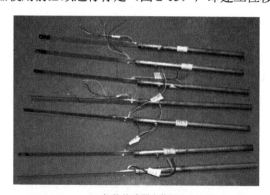

(a) 位移传感器实物图

(b) 位移传感器标定

图 2-15　位移传感器标定

对于已制作好的位移传感器，弹性钢片的长度是一定的，此时自由段的长度，也就是钢片伸入轨道中的长度对位移和应变的关系有明显的影响，此外，自由段的长度对位移传感器的量程也有一定的影响，若自由段太短，可能达不到既定的量程。因而，标定过程中必须严格控制自由段的长度，使用过程中自由段长度必须与标定时保持一致。

2.4.2 水平位移测量

对整体木构架抗震性能分析要求测量整体结构的水平位移，也就是结构的最大水平位移。由于本次测试采用位移控制加载，加载点在混凝土配重块上，因而配重块处的位移应为结构的最大水平位移。然而，直接在配重块上安装位移传感器非常不便，此外由于混凝土块刚度很大，其自身的变形量可以忽略，经分析，混凝土块和素枋间的摩擦力足以保证在传递水平荷载期间两者不会产生相对滑动，将水平位移传感器安装于素枋处既便于试验的进行，又不会对测量结果产生影响。因而如图 2-16 所示，在素枋1 端部安装位移传感器（H1）以监测整体结构水平位移。

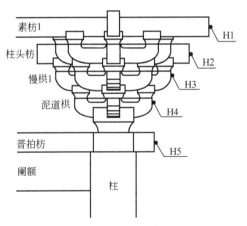

图 2-16　水平位移传感器布置
H—水平位移传感器

为研究柱架层和斗拱层的结构性能，如图 2-16 所示，分别在普拍枋端部（H5）、泥道拱端部（H4）、慢拱 1 端部（H3）、柱头枋端部（H2）安装位移传感器，监测各点的水平位移。通过对这些位置水平位移的测量，可以得到柱架层的位移、斗拱层的层间位移以及水平位移沿结构高度的分布情况，进而可以分别分析柱架层和斗拱层的滞回性能，及其对整体木构架抗震性能的影响。

水平加载过程中，结构可能会产生少量的扭转变形，若以某一位置处的水平位移代表整个结构的位移可能会产生较大的误差。因而，在每根柱的上方，水平位移传感器均按相同的方式布置，这样每一位置处的水平位移均由 4 个位移传感器监测，总共安装有 20 个水平位移传感器。如图 2-17 所示，用于监测普拍枋端部水平位移的传感器为 H5、H10、H15 和 H20；用于监测泥道栱端部水平位移的传感器为 H4、H9、H14 和 H19；用于监测慢栱 1 端部水平位移的传感器为 H3、H8、H13 和 H18；用于监测柱头枋端部水平位移的传感器为 H2、H7、H12 和 H17；用于监测素枋 1 端部水平位移的传感器为 H1、H6、H11 和 H16。每一位置处的水平位移用 4 个位移传感器数据的平均值表示。

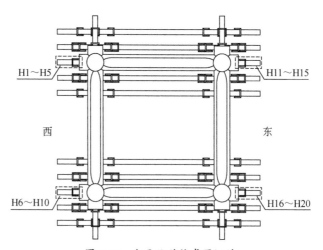

图 2-17　水平位移传感器汇总

注：图中位移传感器序号由小至大分别测量素枋 1、柱头枋、慢栱 1、泥道栱和普拍枋处的水平位移

水平位移传感器在木构架上的安装如图 2-18 所示。位移传感器的手柄端用喉箍固定于各木构件的端部，并随着木构架的运动而产生水平或竖向方向的运动。粘贴应变片的弹性钢片部分伸入竖直方向的轨道中，该轨道固定于不与模型关联的脚手架上，脚手架有足够的刚度并且在整个测试过程中不产生形变；该轨道允许钢片在竖直方向上自由运动，即结构竖向位移不会被采集，而结构水平变形可完全反映于所采集的钢片应变中，根据之前标定的位移与应变的关系，可得到结构的水平位移。从图中可以看出，

位移传感器的手柄端较长，该设计可便于调节钢片自由段长度，使其与标定相符。另外，用喉箍固定手柄端时，必须将弹性钢片调整至完全竖直状态，即保证弹性钢片与轨道平行。

图 2-18　水平位移传感器在木构架上的安装

2.4.3　竖向位移测量

　　水平荷载作用下木构架竖向位移特征也是本次试验研究的重点内容。由于配重块与素枋直接接触，两者的竖向位移量相同，因而仍以素枋 1 处的竖向位移作为整体结构的竖向位移。如图 2-19 所示，素枋 1 端部的竖向位移传感器 V1 用于测量整体结构的竖向位移。此外，分别在普拍枋端部（V5）、泥道栱端部（V4）、慢栱 1 端部（V3）、柱头枋端部（V2）安装位移传感器，用于辅助监测结构的竖向位移。

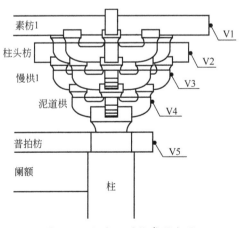

图 2-19　竖向位移传感器布置

V—竖向位移传感器

水平加载过程中，如果结构产生倾斜，会导致结构东西侧的竖向位移量有很大的差别，单测某一位置处的竖向位移，并不能反映整体结构的竖向运动特征。因而，与水平位移传感器的布置形式类似，在每根柱的上方，均按相同的方式布置竖向位移传感器，因而总共安装有 20 个竖向位移传感器。如图 2-20 所示，用于监测普拍枋处竖向位移的传感器为 V5、V10、V15 和 V20；用于监测泥道栱处竖向位移的传感器为 V4、V9、V14 和 V19；用于监测慢栱 1 处竖向位移的传感器为 V3、V8、V13 和 V18；用于监测柱头枋处竖向位移的传感器为 V2、V7、V12 和 V17；用于监测素枋 1 处竖向位移的传感器为 V1、V6、V11 和 V16。

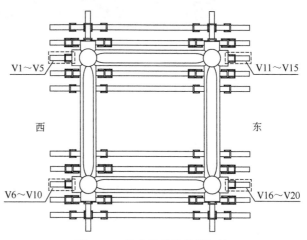

图 2-20　竖向位移传感器汇总

注：图中位移传感器序号由小至大分别测量素枋 1、柱头枋、慢栱 1、泥道栱和普拍枋处的竖向位移

竖向位移传感器在木构架上的安装如图 2-21 所示。位移传感器的手柄端用喉箍固定于木构件的端部，并与水平位移传感器间隔一定距离，避免相互干扰。粘贴应变片的钢片部分伸入水平方向的轨道中，该轨道同样也固定于不与模型关联的脚手架上。与测量水平位移所用轨道不同，测量竖向位移所用轨道允许钢片在水平方向上自由运动，由于结构可产生较大的水平变形量，该轨道必须足够长且应大于本次测试所加载的最大水平位移。由于释放了水平变形，所测得的应变均为结构竖向运动引起，因而可得到结构的绝对竖向位移。竖向位移传感器的安装要点与水平位移传感器安装一致，同样要保证钢片伸入轨道的长度与标定时相符，并且要将钢片调整至完全水平状态，使之与轨道平行。

图 2-21　竖向位移传感器在木构架上的安装

2.4.4　荷载测量

　　木构架模型和摇摆柱之间的应力杆［图 2-10(b)］可同时用于传递荷载和采集荷载。应力杆表面均匀粘贴 8 片电阻式应变片，并按全桥的方式进行连接，制作好的应力杆需进行标定后方可使用。如图 2-22 所示，应力杆的标定采用万能试验机和 TS3890 应变采集装置及其配套软件，通过万能试验机对应力杆逐级施加荷载，并记录每级荷载下所对应的应变值，从而建立应变与荷载关系。正式测试时，可以根据时时记录的应力杆的应变值，反算施加于结构的水平外荷载。

(a) 加载装置

(b) 数据采集装置

图 2-22　应力杆标定

2.4.5　倾斜监测

本次试验所采用的水平加载装置系统是首次设计并用于木结构拟静力试验中的，因而该加载装置的适用性评价也是本次试验需要关注的重点内容。该加载装置设计初衷是解决木构架水平位移过程中的竖向抬升问题，因而加入了摇摆柱以保证结构在水平运动过程中加载点能保持不变并且荷载始终处于水平方向。因此，测试过程中在应力杆上安装了倾角传感器，以时时监测应力杆的倾斜状况，如图 2-23 所示。若试验过程中，应力杆能始终保持水平，所测得的倾角应等于或接近零，也表明加载过程中外荷载始终沿水平方向。

图 2-23　监测应力杆倾斜的倾角传感器

此外，为得到木构架柱的倾斜随结构水平位移的变化，在每根柱上各安装一个倾角传感器，以监测试验过程中各柱的倾斜情况。倾角传感器在柱上的安装位置如图 2-24 所示，柱 2 和柱 4 安装位置与柱 1 和柱 3 相同。

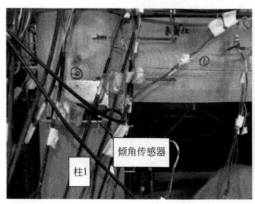

图 2-24　监测木构架柱倾斜的倾角传感器

2.5 测试方案

为研究重复加载对木结构抗震性能的影响,本次研究对木构架模型进行了两个阶段的测试,分别为初次加载测试阶段和重复加载测试阶段。每个阶段均对木构架进行三级不同竖向荷载下的三次测试,总共进行了六次测试。初次加载测试阶段的三次测试中,竖向荷载按从一级到三级的顺序加载,而重复加载测试阶段的三次测试中,竖向荷载按从三级到一级的顺序加载。采用该加载方案,虽然两阶段测试中竖向荷载施加顺序不同,但却减少了混凝土配重块的加卸载次数,这样一方面减小了加卸载配重块对木构架的扰动;另一方面也减小了试验的工作量,极大地提高测试效率。

六次测试均采用如图 2-25 所示的以位移控制的水平加载时程曲线+Max和-Max 分别代表东西向最大加载位移。每级竖向荷载下对木构架进行八级不同位移幅值的循环加载测试,其中从一级循环〜七级循环,水平加载位移幅值分别为 10mm、20mm、30mm、40mm、50mm、60mm 和70mm,在循环 8 中,木构架加载至极限状态。对木构架进行第一次测试时,即初次加载测试阶段一级竖向荷载下的测试,出于安全的考虑,仅进行了循环 1〜循环 7 的测试,未进行极限加载测试。为便于对比分析,在重复加载阶段一级竖向荷载下的测试中,也仅进行了循环 1〜循环 7 的测试。

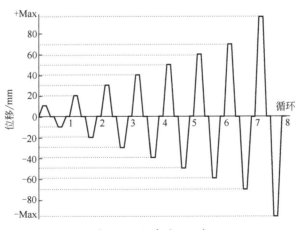

图 2-25　加载时程曲线

竖向荷载施加于木构架后，需持荷 24h，待结构变形稳定后方可进行水平加载测试。测试过程中，木构架东西侧各有一专人负责手拉葫芦的操作，并且在正式试验前，操作人员均已经过反复的练习，保证位移荷载匀速缓慢地施加于木构架。在每级循环测试中，首先拉动东侧的手拉葫芦，使木构架以约 0.1mm/s 的速度向东（正方向）移动，在此期间，西侧的钢绞线处于松弛状态。当木构架水平位移达到该级循环的限定位移时，加载停止并且木构架停止移动。然而，虽然荷载保持不变，但木构件中的裂缝和塑性变形将继续发展（变形滞后），导致测量的位移数据在一段时间内会产生微小变化。因此，将当前位移保持 5min 以使木结构的变形稳定，该段时间内可进行木构架变形的目视观察并拍照记录。之后，放松东侧的手拉葫芦，木构架逐渐回到初始位置，木构架回到初始位置后也静置 5min，以保证木构件的弹性变形能够完全恢复，并在该段时间内拍照记录结构此时的状态。西侧（负方向）的加卸载过程与东侧的加卸载过程相同，但方向相反。

本次研究虽然进行木构架极限状态的测试，但为了保证安全及后续试验的顺利进行，并不对木构架做破坏测试，并试图在结构不发生倾覆的情况下探究其最大变形能力。最后一级循环中最大加载量由以下两点控制。

（1）由荷载-位移曲线控制

Suzuki 等[104]的研究表明，此类木结构的恢复力主要来自梁柱节点的弯矩抵抗力和柱摇摆提供的恢复力。当结构变形较小时，柱摇摆提供主要恢复力，随着变形的增加，来自梁柱节点的弯矩抵抗力逐渐占主导地位。然而，在他们的研究中，相邻两柱之间有更多横梁［图 2-26(a)］，因而在结构产生较大的水平位移时，梁柱节点可提供更多的恢复力［图 2-26(b)］。本次研究中，由于梁柱节点可提供的恢复力有限，因而在加载过程中，当水平荷载保持不变或开始下降，而结构位移持续增长时，木构架便接近其极限状态。试验过程中，通过记录的荷载和位移数据，可实时生成荷载-位移曲线，为加载控制提供重要参考。

（2）由试验过程中观察到的木构架变形控制

当木构架中个别重要构件破坏至已接近失效，严重影响结构继续承载能力，或结构产生较大的变形而接近倾覆，也认为结构达到了极限状态。试验中可通过眼看和耳听来判断，首先从外观上看木构件是否产生严重的破坏，而对于一些不能直接观察到其破坏的重要构件，通过声音判别构件是否有严重的断裂破坏，从而确定结构是否达到极限状态。

(a) 测试模型

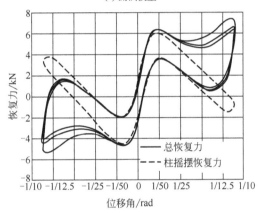

(b) 木结构总恢复力及柱摇摆提供的恢复力

图 2-26   文献［104］中的测试模型和恢复力曲线

　　为便于分析，将六次测试分别记为 FT-L1、FT-L2、FT-L3、ST-L3、ST-L2 和 ST-L1。其中，FT-L1、FT-L2 和 FT-L3 为初次加载阶段的三次测试，ST-L3、ST-L2 和 ST-L1 为重复加载阶段的三次测试，六次测试的详细信息汇总于表 2-2。从该表可以看出，一级竖向荷载下的两次测试之间，木构架分别经历了 FT-L2、FT-L3、ST-L3 和 ST-L2 四次加载历程；二级竖向荷载下的两次测试之间，木构架分别经历了 FT-L3 和 ST-L3 两次加载历程；而三级竖向荷载下的两次测试之间无其他加载历程。因而，本次研究可得到竖向荷载和加载历程对木构架抗震性能的影响。

测试阶段	初次加载测试			重复加载测试		
	测试 1	测试 2	测试 3	测试 4	测试 5	测试 6
竖向荷载	一级	二级	三级	三级	二级	一级
测试循环	循环 1-7	循环 1-8	循环 1-8	循环 1-8	循环 1-8	循环 1-7
简记	FT-L1	FT-L2	FT-L3	ST-L3	ST-L2	ST-L1

3

水平往复荷载作用下的木构架变形

3.1 　整体结构变形

　　向东加载过程中，木构架柱明显向东倾斜，而柱以上的构件主要表现为整体向东平动，上述现象随着水平位移幅值的增大而更显著；卸载过程中，仅需缓慢释放东侧手拉葫芦，木构架可自行恢复至接近初始位置，在此期间，西侧钢绞线始终处于松弛状态。木构架向西加载时结构变形特性与向东侧加载一致，仅运动方向相反。可以看出，木构架在水平反复荷载作用下，其变形形式类似刚体摇摆（图3-1），并且依靠柱摇摆及梁柱节点弯矩提供的恢复力，结构无需外力作用可自恢复至平衡位置，表现出较好的变形恢复能力。此外，木构架这种摇摆和变形恢复特性在六次拟静力测试中均有体现，表明竖向荷载及加载历程不会改变木构架整体变形特征。

(a) 向东加载

(b) 平衡位置

(c) 向西加载

图 3-1　三级竖向荷载下木构架变形

　　由于该摇摆特性，木构架可承受较大的水平变形，而柱底平摆浮搁及榫卯柔性连接在很大程度上释放了节点和构件中的应力，保证了木构架在产生较大变形的同时不致使木构件产生明显的破坏。六次测试中，木构架的极限状态均表现为整体结构产生较大的水平位移接近倾覆，而各木构件及节点均未产生失效破坏，并且节点的形变在卸载后能够完全恢复，说明此类木结构具有较强的抵抗重复加载的能力。

3.2　节点及构件变形

3.2.1　柱脚节点

　　水平反复荷载作用下，柱脚随着柱子的摇摆反复抬升和下降，柱脚的转动支点随加载方向的变化而交替变化，且柱脚受压区域随水平位移幅值的增大逐渐向柱脚边缘迁移。图 3-2 为 FT-L3 测试中向东加载至每级循环最大位移处柱脚的变形，从图中可以看出柱脚变形有以下特征。

　　① 当水平位移幅值 $\Delta \leqslant 10$mm 时［图 3-2(a)］，柱倾斜及柱脚抬升均不显著，同时由于柱底的少量压缩变形，此阶段柱底有效受压区

域较大。

② 当 10mm＜Δ≤40mm 时［图 3-2(b)～(d)］，随着水平位移幅值增大，柱脚抬升量增大，柱底有效受压区域减小，但柱脚并未产生明显的损伤。

③ Δ＞40mm 时，由于柱底有效受压区域的进一步减小，柱脚边缘区域承受较大的压应力，柱脚边缘开始产生少量的木纤维劈裂，该现象随水平位移幅值增大而更明显；到达极限位移处时，木纤维的劈裂不会导致柱脚失效破坏，但柱过大的倾斜会使结构产生整体倾覆。

④ 每级循环测试完毕后可以看出，柱脚与地面间的标识线未产生偏移，说明拟静力测试中柱脚不会产生滑移。

⑤ 六次测试中，柱脚变形表现出相似的特征，不同的竖向荷载及加载历程不影响柱脚的摇摆抬升，但竖向荷载的差异会影响柱底的压缩变形，从而导致柱底有效受压区域的变化。

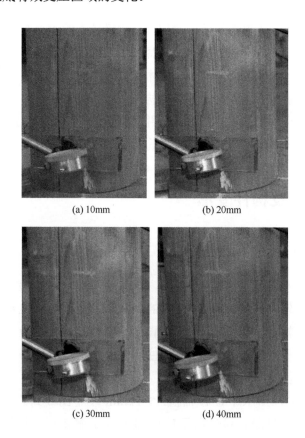

(a) 10mm   (b) 20mm

(c) 30mm   (d) 40mm

(e) 50mm   (f) 60mm

(g) 70mm   (h) 最大加载幅值(90mm)

图 3-2　柱脚变形随加载幅值的变化

3.2.2　柱倾斜变形

　　木构架四根柱上均安装有倾角传感器，以监测柱子的倾斜。六次测试中，柱的倾斜随着水平位移及加载方向的变化有相同的变化特征，图 3-3(a)～(d) 为 FT-L3 测试中柱的倾角历程，其中柱 1 和柱 2 为木构架西侧柱，柱 3 和柱 4 为木构架东侧柱，正角度表示柱向东倾斜，负角度表示柱向西倾斜。从图中可以看出，无论是向东加载还是向西加载，木构架四根柱的倾斜均表现出较好的同步性，柱的倾斜方向一致，并且每级循环完全卸载后，柱倾角接近零，说明柱的变形基本能完全恢复。随着水平位移增大，柱的倾角稳定增大，最后一级循环向东加载时，柱 1～柱 4 的最大倾角分别为 3.58°、3.22°、3.25° 和 3.60°，向西加载时柱 1～柱 4 的最大倾角分别为 2.88°、3.16°、3.15° 和 2.75°。可以看出四根柱的倾角虽然非常接近，但还有微小的差别，该现象可能是由于加载过程中木构架产生了少量的整体扭转，但扭转量较小，对试验结果无影响。

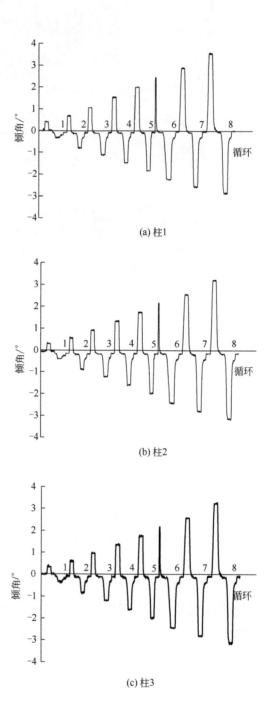

(a) 柱1

(b) 柱2

(c) 柱3

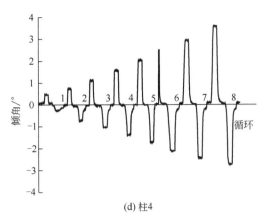

(d) 柱4

图 3-3　FT-L3 测试中柱倾角

　　基于摇摆的水平加载装置系统的可行性与适用性评价，一方面可从试验过程中木构架柱和摇摆柱的同步变形情况判断，另一方面可从应力杆的倾斜状况判断。六次测试中，木构架柱与摇摆柱同步性较好，如图 3-4 所示，加载过程中摇摆柱柱脚与木构架柱脚产生同样的抬升变形，完全卸载后，摇摆柱柱脚球型螺栓能完全归位于凹槽中，加载装置的变形情况完全符合预期。

(a) 摇摆柱柱脚

图 3-4

(b) 木构架柱脚

图 3-4　摇摆柱柱脚与木构架柱脚变形

图 3-5 为 FT-L3 测试中东侧应力杆和西侧应力杆的倾角历程。从图中可

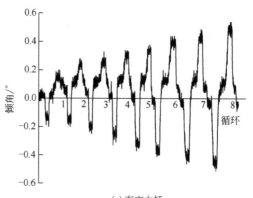

(a) 东应力杆

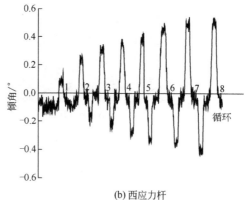

(b) 西应力杆

图 3-5　FT-L3 测试中应力杆倾角

以看出，加载过程中应力杆产生了一定的倾斜，并且其倾斜量随着水平位移的增大而增大，但在整个测试过程中其最大倾角在 0.5°以内。产生这样的偏差可能有两方面原因：

① 由于应力杆的就位安装误差导致其初始状态并不是处于绝对水平状态，加载过程中随着水平位移的增大该误差被持续放大，造成应力杆倾角不断增大；

② 由于加载装置采用的摇摆柱构造较为简单，并且相对于木材可认为是刚性的，加载过程中不存在柱脚或柱顶的嵌压变形，此外，木构架由于斗拱等其他构件的存在，其变形机制比摇摆柱更为复杂，因而，虽然两者在整体变形上表现出较好的同步性，但也存在一定差异，导致应力杆在加载过程中产生少量倾斜。然而，应力杆最大倾斜量仅为柱倾斜量的 16%左右，说明摇摆柱在加载过程中发挥了重要作用。

综合以上结果来看，本次研究采用同步摇摆加载装置是可行的，并且能很好地解决此类木结构在大位移情况下竖向运动问题。由于本加载装置是首次设计并用于木构架的拟静力测试，不可避免存在一些不足，但已完全满足试验要求。后续使用过程中还可进一步改进，以取得更理想的结果。

3.2.3 榫卯节点

加载过程中，由于柱产生较大倾斜，而阑额基本保持平动，导致柱与阑额发生相对转动，该转动导致阑额榫头从柱卯口中不均匀地拔出，榫卯节点主要变形特征如下。

① 向东加载过程中（图 3-6），木构架四根柱均向东倾斜，东侧柱与阑额的相对转动导致两者间的夹角变小，榫头上部从卯口拔出，下部向卯口内挤入，榫头拔出量沿榫头由上而下逐渐减小至零，呈倒三角形分布 [图 3-6(a)]；而模型西侧柱与阑额的相对转动导致两者间的夹角变大，榫头上部向卯口内挤入，下部从卯口拔出，榫头拔出量沿榫头由上而下逐渐增大，呈正三角形分布 [图 3-6(b)]。

② 向西加载过程中，柱的倾斜方向、柱与阑额的相对转动情况以及拔榫特征与向东加载正好相反，即阑额东侧榫头拔出量沿榫头由上而下呈

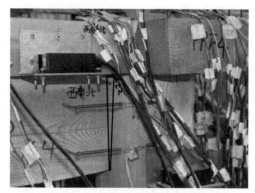

(a) 东侧

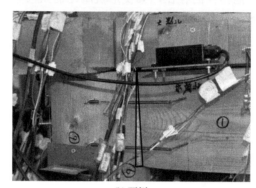

(b) 西侧

图 3-6　向东加载榫卯节点变形

正三角形分布［图 3-7(a)］，而阑额西侧榫头拔出量沿榫头由上而下呈倒三角形分布［图 3-7(b)］。

③ 随着水平位移幅值增大，柱的倾斜加剧，柱与阑额间的相对转动更加显著，导致榫头拔出量增大，但仍呈正三角形或倒三角形分布；然而，即使在极限位移下，榫头拔出量也不到榫头长度的 1/4，节点未出现拔榫破坏，也可看出燕尾榫具有较好的抗拔能力。

④ 榫卯节点的变形主要受柱与阑额间相对转动幅度的影响，与结构所施加的竖向荷载无关，因而三级不同竖向荷载下榫卯节点变形一致；重复加载下，榫头与卯口的反复挤压扩大了其间的缝隙，导致节点产生松动，同时接触面的摩擦力也因多次相对滑动产生变化，但在本次试验中，后三次测试与前三次测试榫卯节点变形特征并无明显差别，说明节点在一定范围内的松动不影响节点的变形。

(a) 东侧

(b) 西侧

图 3-7　向西加载榫卯节点变形

3.2.4　斗拱节点

斗拱节点在六次拟静力测试中均以整体平动为主，斗拱各木构件无肉眼可见的相对滑移或错动，即使在极限状态下，斗拱也表现出较好的整体性，说明斗拱节点有良好的承受竖向荷载及重复水平加载的能力。本次测试可看出，斗拱节点承载力很高，当木构架接近倾覆时，斗拱节点远没有达到其极限承载能力。

3.2.5　构件损伤

六次拟静力测试完成后将木构架拆解以观察构件内部损伤，可以看出构件损伤主要产生于柱、阑额与普拍枋交接处，以及阑额与普拍枋间的暗销，斗拱节点各构件均无损伤，此外，试验后木构件中的初始缺陷并无明显的扩展。产生明显损伤的区域均为受压承载力较低的横纹受压区，柱虽然承受荷载较大，但由于其为顺纹受压，弹性模量和强度均较高，没有产生明显损伤。此外，需要注意的是，所有构件的损伤均为六次试验的累积损伤，难以区分每次测试的损伤量，因而无法得到重复加载对构件损伤的影响。

如图 3-8 所示，试验后普拍枋与柱顶接触区域产生明显的压痕，该压痕主要由以下两方面原因导致：

① 竖向加载导致柱顶与普拍枋接触面压应力增大，又由于普拍枋处于横纹受压状态，抗压强度较低，因而在普拍枋表面产生局部压缩变形；仅竖向加载时，柱顶与普拍枋接触面间的压应力接近均匀分布，因此该部分作用产生的压痕深度在整个接触面上相同；

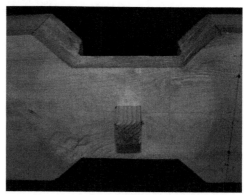

(a) 试验前

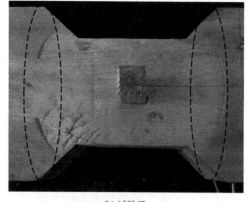

(b) 试验后

图 3-8　普拍枋损伤

② 施加水平荷载后，由于柱的倾斜，柱顶与普拍枋接触区域向柱顶边缘转移，两者间接触面减小，并且水平位移幅值越大，接触区域越小，导致柱边缘局部嵌压入普拍枋，形成较深的压痕，图 3-8(b) 标识区域的压痕主要由这一原因造成。

由于柱与阑额的相对转动，榫头对卯口内端面产生局部挤压，导致卯口端面残留明显的塑性挤压变形。当柱与阑额的相对转动导致两者间的夹角变大时，局部挤压区域出现在卯口端面顶部附近，而当柱与阑额间的夹角变小时，局部挤压区域出现在卯口端面底部附近，因而卯口端面的挤压变形主要位于图 3-9(b) 中虚线圈出区域。

(a) 试验前

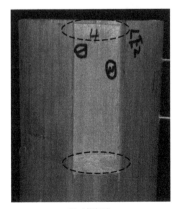

(b) 试验后

图 3-9　卯口损伤

试验后，如图 3-10(b) 所示，阑额与普拍枋间的暗销残留塑性剪切变形，该剪切变形是由加载过程中普拍枋与阑额的相互错动导致的。从图中可看出暗销两侧剪切变形并不完全对称，产生该现象一方面是由于向东和向西加载过程中普拍枋与阑额间的相互错动量的差异；另一方面是由于暗销两侧初始缝隙不同。此外，暗销虽然产生剪切变形，但剪切变形量较小，说明即使在极限状态下，普拍枋与阑额间的相对错动量也较小，暗销不会被剪断而失效。

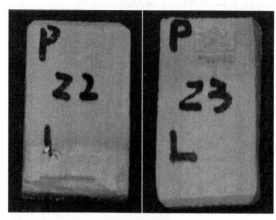

(a) 试验前

(b) 试验后

图 3-10　阑额暗销损伤

3.3　柱架层和斗拱层水平位移特征

六次测试中，当木构架加载至每级循环最大位移处，水平位移沿高度分布如图 3-11 所示，图 3-11 为向东加载时的位移分布，向西加载时位移分布特征与向东加载相同。图中由下至上六个点分别代表柱顶、普拍枋、泥道栱、慢栱 1、柱头枋、素枋 1 处的水平位移，任一点的位移均以该点高度处 4 个位移传感器数据的均值表示。六次测试中柱脚均未产生滑移，因而结构高度为零处的水平位移量始终为零；柱顶与普拍枋间有明显的嵌压，限制了两者的相对滑动，因而柱顶位移取与普拍枋相同。整体结构的位移可以用素枋 1 处的位移代表，柱架层的位移以普拍枋处的位移表示，素枋 1 与普拍枋处位移的差值为斗拱层的层间位移。

从图 3-11 可以看出，六次测试中水平变形在柱架层和斗拱层的分配具有明显的不均匀性。柱架层的位移主要由柱的倾斜控制，其位移量沿柱高线性增长，柱顶处位移达到最大值，随着水平位移幅值增大，由于柱倾斜加剧，柱架层位移显著增长，并且水平位移幅值越大，柱架层位移越接近整体结构位移。虽然在整个测试过程中斗拱层看似整体平动，但从图示位移特征可看出，在平移过程中斗拱还伴随有少量的转动及层间滑移，斗拱层变形有如下特征：

① 当 $\Delta \leqslant 40mm$ 时，斗拱层的层间位移主要由其转动决定，该转动使得水平位移沿斗拱层由下而上呈曲线分布，并导致泥道栱处的位移量小于普拍枋；在此阶段，随着水平位移幅值增大，斗拱转动虽然加剧，但斗拱层层间位移并没有明显增加；可以看出当水平位移幅值 $\Delta = 10mm$ 时，斗拱层对结构位移贡献最大，此时结构的水平位移沿高度基本呈线性分布。

② 当 $\Delta > 40mm$ 时，斗拱层各构件间相继出现相对滑移，水平位移沿斗拱层由下而上也逐渐转变为不规则的折线分布。当 $\Delta = 50mm$ 时，素枋和柱头枋间首先产生微小的滑移，如图 3-11(a) 中的滑移 S1，该滑移随着水平位移的增大而持续增大，斗拱层层间位移也随之增大。随着水平位移幅值的进一步增大，当 $\Delta = 70mm$ 时，慢栱和泥道栱间产生明显的相对滑移，如图 3-11(c) 中的滑移 S2。由于滑移 S1 和滑移 S2 的产生，慢栱 1 和柱头枋的水平变形明显减小。此外，泥道栱与栌枓以及栌枓与普拍枋间的滑移综合反应于滑移 S3［图 3-11(c)］。

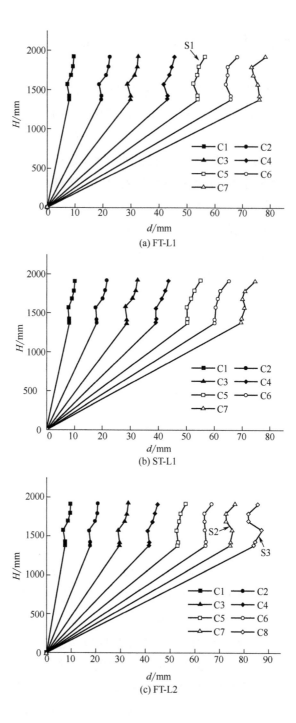

(a) FT-L1

(b) ST-L1

(c) FT-L2

古建筑木结构抗震机理研究

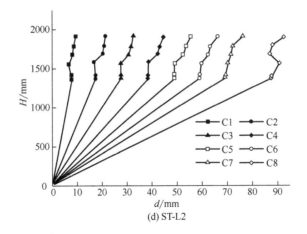

(d) ST-L2

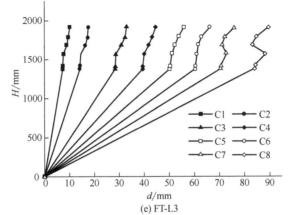

(e) FT-L3

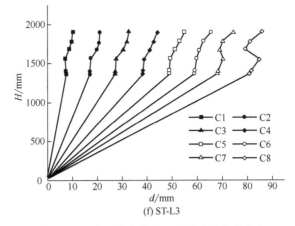

(f) ST-L3

图 3-11 六次测试中水平位移沿结构高度分布

C1~C8 代表循环 1~循环 8

③ 表 3-1 列出了 FT-L1、FT-L2 和 FT-L3 测试中斗拱层的层间位移及其占整体结构位移的比值。可以看出，斗拱层的层间位移由于同时受其转动和层间滑移的影响，其位移量与结构水平位移幅值并无明显的相关性，随着水平位移幅值增大，斗拱层层间位移有增大也有减小。随着竖向荷载增大，斗拱层层间位移呈增大的趋势，但增长幅度不大，三次测试中斗拱层最大层间位移量不超过 6mm。FT-L1、FT-L2 和 FT-L3 测试中，从第一级循环至最后一级循环，斗拱层位移占比分别为 17.5%～2.9%、23.4%～2.2% 和 28.3%～6.3%，可见，随着结构水平位移幅值增大，斗拱层承担的结构位移越来越小，极限状态下，斗拱层对整体结构变形的贡献可忽略。

※ 表 3-1　初次测试阶段斗拱层层间位移

测试	项目	C1	C2	C3	C4	C5	C6	C7	C8
FT-L1	层间位移/mm	1.68	2.94	2.57	2.57	2.38	2.31	2.30	—
	位移占比/%	17.5	13.1	7.9	5.6	4.2	3.4	2.9	—
FT-L2	层间位移/mm	2.29	2.96	3.52	3.45	3.18	2.53	2.20	1.86
	位移占比/%	23.4	14.3	10.6	7.7	5.7	3.8	2.9	2.2
FT-L3	层间位移/mm	2.88	3.36	4.56	5.19	5.61	5.88	5.73	5.68
	位移占比/%	28.3	19.1	13.8	11.6	10.0	8.9	7.5	6.3

对比 FT-L1、FT-L2 和 FT-L3 三次测试可以看出，不同竖向荷载下，斗拱层和柱架层水平位移特征相似，尤其是柱架层，其水平位移不受竖向荷载的影响。竖向荷载的增大，增大了斗拱层的刚度，也限制了斗拱的转动能力，斗拱层的转动变形减小，该现象在三级竖向荷载下最为显著。虽然竖向荷载的增大可以增加斗拱层各构件间的摩擦力，但相同水平位移下的水平外荷载也相应增加，因而，在较大的结构变形下，不同竖向荷载下斗拱层各构件间的相对滑移情况没有显著变化。

从同一竖向荷载下的两次测试可以看出，重复加载不影响柱架层的变形，斗拱层的转动变形也不因木构架经历多次加载历程而有明显的变化。ST-L1、ST-L2 和 ST-L3 测试中斗拱层的层间位移及其占结构整体位移的比值列于表 3-2。对比表 3-1 和表 3-2 可以看出，从 FT-L1 到 ST-L1、FT-L2 到 ST-L2，斗拱层的层间位移增大，尤其是在较大的水平位移幅值下更显著，而从 FT-L3 到 ST-L3，斗拱层层间位移无明显变化。该现象说明，当木构架经历较多的加载历程后，由于构件间接触面变化或构件连接松动，斗拱层更易产生层间滑移。ST-L1、ST-L2 和 ST-L3 测试中，从第一级循环至最后一级循环，斗拱层位移占比分别为 18.6%～6.9%、15.7%～6.0% 和 24.4%～5.7%，可以看出相对于初次测试，在一级和二级竖向荷载下，斗拱层对整体结构变形的贡献明显提升，尤其是在极限状态下，但也仅承担了约 1/16 的整体结构位移。

※ 表 3-2　重复加载测试阶段斗拱层层间位移

测试	项目	C1	C2	C3	C4	C5	C6	C7	C8
ST-L1	层间位移/mm	1.86	3.38	3.70	4.24	4.74	5.07	5.22	—
	位移占比/%	18.6	15.7	11.4	9.8	8.6	7.8	6.9	—
ST-L2	层间位移/mm	1.47	4.11	5.06	5.85	6.48	6.70	7.01	5.60
	位移占比/%	15.7	19.3	15.5	13.1	11.6	10.1	9.2	6.0
ST-L3	层间位移/mm	2.53	3.98	5.16	5.89	6.29	6.61	6.47	4.94
	位移占比/%	24.4	18.5	15.7	13.2	11.3	10.0	8.6	5.7

由以上分析可知，在水平荷载作用下，此类木结构的斗拱层不会产生过大的层间变形，结构的极限状态由柱架层的变形决定，并且其决定性作用不因竖向荷载或结构所经历的加载历程而改变。柱架层的最大水平位移可取柱顶处的位移，其位移量由柱的倾斜及柱高度确定。因而，对于此类木结构的检测和健康监测工作，应当密切关注柱顶的位移发展，并应控制其在安全合理的范围内。从本次测试来看，柱顶位移不超过柱径 1/2 的情况下，结构不会出现整体倾覆。

3.4　水平荷载作用下的木构架竖向运动

3.4.1　基于摇摆的木构架竖向抬升理论计算

由前文的分析结果可知，木构架在水平外荷载作用下，会产生如图 3-12 所示的变形。柱架层柱脚由于采用平摆浮搁的连接，使得柱架层易发生摇摆变形，而梁柱间榫卯节点的弱连接特性也成为柱架层摇摆的有利条件，保证节点在较大的变形下不致损坏失效。从第 4 章对斗拱层滞回性能的研究可以看出，斗拱层的刚度远大于柱架层，水平外荷载作用下，斗拱层虽然会产生转动和层间滑移，但变形量很小，斗拱层整体做类似刚体平动运动。

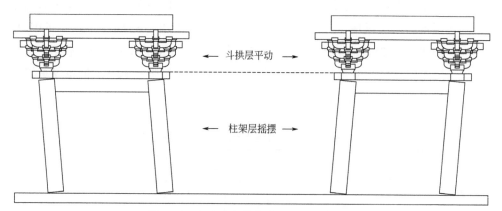

图 3-12　水平反复荷载作用下木构架变形

　　基于以上木构架的变形特性，当分析木构架的竖向运动时，可将柱以上的构件，包括普拍枋、斗拱、素枋和屋顶（配重块），作为一个刚性整体来研究。木构架简化示意图如图 3-13 所示，其中柱脚仍采用平摆浮搁的连接，保证其可以自由抬升和下降；柱以上构件作为一个刚体搁置于柱顶，这与普拍枋和柱顶间的连接方式相同；阑额对结构的竖向运动无影响，在示意图中予以省略。未施加水平荷载时（图中虚线所示），柱底全表面与基础接触，木构架整体处于稳定状态，施加水平荷载后，由于柱架层的摇摆，柱以上的构件会同时产生水平运动和竖向运动。如图所示，当木构架柱绕柱脚 B 点（或 B' 点）转动时，柱脚另一边缘产生明显的抬升，柱顶部 A 点（或 A' 点）将产生竖向运动，柱以上的构件也因此被抬升。在不考虑木

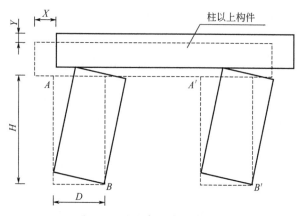

图 3-13　木构架竖向抬升示意

构件压缩变形的情况下，柱以上构件的水平位移和竖向位移与柱顶 A 点（或 A' 点）的水平位移和竖向位移相同。因此，对于给定的水平位移 X，竖向位移 Y 可根据式（3-1）计算，其中 D 和 H 分别代表柱的直径和高度。

$$Y=\sqrt{\left(D^2+H^2\right)-(D-X)^2}-H \qquad (3\text{-}1)$$

由式（3-1）所确定的木构架水平位移和竖向位移的理论关系如图 3-14 所示。从图中可以看出，当水平位移小于柱径时，随着水平位移增大，结构竖向位移增大，表明此阶段结构处于不断向上抬升的状态。但也可看出，竖向位移增长的速率逐渐减慢，当水平位移达到柱径时（194.5mm），曲线到达最高点，此时木构架达到最大抬升量 13.6mm。之后，随着水平位移进一步增大，结构竖向抬升量逐渐减小，在实际测试过程中，该情况不会出现，因为结构早已倾覆。

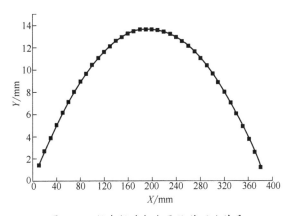

图 3-14 竖向抬升与水平位移理论关系

3.4.2 实测木构架竖向位移

木构架的竖向抬升量用第 2 章介绍的安装于素枋 1 端部的 4 个竖向位移传感器测量，安装于木构架东侧的位移传感器（V11 和 V16）和安装于西侧的位移传感器（V1 和 V6）分别用以监测结构东侧和西侧的竖向位移。六次测试中，木构架竖向位移均表现出相同的特征，图 3-15 为 ST-L3 测试中所测得的木构架竖向位移随水平加载幅值及加载方向的变化曲线，图中正位移表示该点相对于初始位置向上运动，负位移表示该点相对于初始位置向下运动。现以该测试为例，总结木构架竖向位移特征如下：

① 整体上看，木构架两侧竖向位移量有正值也有负值，说明结构两侧既有上升也有下降。位于结构同一侧的两个位移传感器所测得的位移曲线具有相同的变化趋势，即位移值均为正或均为负，并且与结构另一侧的位移正好相反，该特征表明柱以上构件虽表现为整体平动但也产生了少量倾斜，该倾斜导致木构架一侧上升另一侧下降。

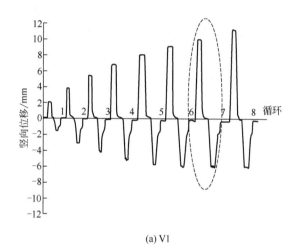

(a) V1

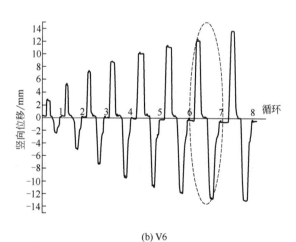

(b) V6

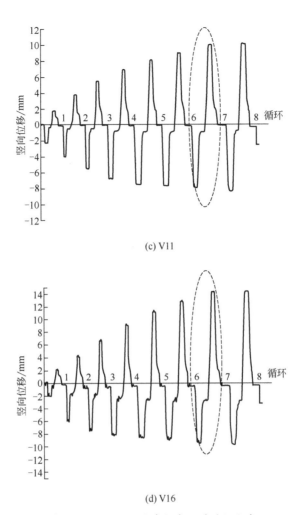

(c) V11

(d) V16

图 3-15　ST-L3 测试中竖向位移时程曲线

　　② 从其中一级循环测试（图 3-15 中虚线标识区域）可以看出，向东加载过程中，木构架东侧下降西侧上升；产生该现象是由于当木构架向东位移时，虽然东侧柱和西侧柱均向东倾斜导致柱顶与普拍枋产生局部嵌压，但如图 3-16 所示，东侧柱为柱顶内边缘与普拍枋接触（R1 与 C1），而西侧柱为柱顶外边缘与普拍枋接触（R2 与 C2）；由于与 R1 区域接触的柱顶部开有卯口，与普拍枋接触面更小，导致普拍枋 R1 区域嵌压变形更大，经实测，R1 区域最大压痕深度约 5mm，而 R2 区域仅为 2mm；两侧嵌压变形不一致，导致柱以上构件产生向东的倾斜，东侧所监测的竖向位移为负值。向西加载过程中，柱倾斜方向改变，柱

顶接触特征与向东加载时正好相反，从而导致此过程中木构架西侧下降而东侧上升。

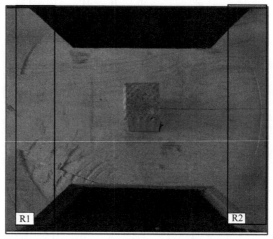

(a) 普拍枋受压区域

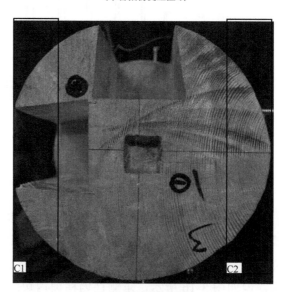

(b) 柱顶接触区域

图 3-16　普拍枋损伤

③ 随着水平循环幅值增加，木构架抬升一侧的位移量表现出稳定增长，而下降一侧的位移量在循环 1～循环 5 增长明显，循环 5 之后增长缓慢或不再继续增长。产生该现象的主要原因是，木构架下降一侧的位移量（即负

的竖向位移）是柱以上构件倾斜导致的该侧下降和柱架层摇摆引起的该侧抬升的综合反映；由于普拍枋初始嵌压变形发展较快，当水平位移幅值较小时，东西两侧将产生较大的嵌压变形差，此时柱以上构件倾斜的影响占主导，而图中从循环 1 到循环 2 负的竖向位移出现突增也说明了这一点；随着水平位移幅值增大，两侧嵌压变形差值趋于稳定，而柱摇摆引起的竖向抬升继续发展，从而导致木构架下降一侧的位移量不再增长。

④ 虽然木构架竖向位移表现为一侧上升另一侧下降，但无论向东或向西加载，其下降一侧位移量均小于上升一侧的位移量，因而，木构架整体仍表现为抬升。

3.4.3　木构架竖向抬升特征

每级循环最大水平位移处木构架的竖向抬升用 V1、V6、V10 和 V16 所测得的四个点的平均位移表示，其抬升量与水平位移幅值的关系如图 3-17 所示，图中竖向位移为东西向的平均值。从图中可以看出，六次测试中木构架竖向位移有相同的变化规律。随水平位移幅值增大，木构架竖向位移量明显增大，但与图 3-14 所示的理论曲线有明显的不同，并且实际抬升量也远小于式（3-1）的理论计算结果，主要是由于理论计算中未考虑构件的受压变形，而从之前的分析中可以看出，当柱产生倾斜时，柱顶与普拍枋间的嵌压变形对木构架的竖向位移有显著影响。

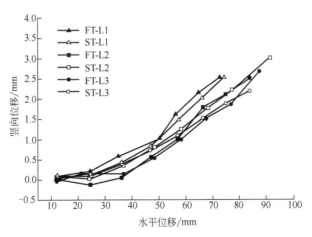

图 3-17　竖向位移与循环幅值关系

从图 3-17 可以看出，六次测试中的循环 1 和循环 2 测试得到的木构架竖向位移量很小，甚至会出现较小的负值，说明水平加载幅值较小时，木构架的竖向位移可忽略，即可以不考虑结构的竖向抬升。而二级循环之后，随着水平位移增大，竖向位移基本呈线性增长。由木材横纹受压性质可知，初始加载时，木材变形发展较快，而随着塑性变形累积，其受压承载力会明显上升，压缩变形的发展逐渐变缓。因而，前两级循环测试中，处于横纹受压状态的普拍枋由于木构架柱的初始倾斜而产生了较大的嵌压变形，结构竖向抬升不显著，而之后随着普拍枋嵌压变形的发展变缓，木构架的竖向抬升越来越明显。在 FT-L1、FT-L2、FT-L3、ST-L3、ST-L2 和 ST-L1 的最后一级循环中，木构架的竖向位移分别达到了 2.52mm、2.52mm、2.68mm、2.20mm、3.03mm 和 2.56mm，而此时的理论抬升量分别为 8.31mm、9.24mm、9.52mm、9.22mm、9.81mm 和 8.44mm，可见，由于构件受压变形的影响，木构架的实际抬升量为理论抬升量的 24%～30%。此外，柱脚的嵌压变形对结构竖向抬升也有影响，但由于柱为顺纹受压，其受压承载力远大于处于横纹受压的普拍枋，因而柱顶与普拍枋间的嵌压变形对结构竖向抬升的影响远大于柱脚嵌压。

对比 FT-L1、FT-L2、FT-L3 及 ST-L1、ST-L2、ST-L3 可看出，随着竖向荷载增大，木构架的竖向位移整体呈减小的趋势，尤其在较大的水平位移下该现象更显著，主要是由于竖向荷载的增大增加了柱顶与普拍枋间的嵌压变形量。然而，同一竖向荷载下的两次测试中木构架竖向位移没有显著变化，说明木构架的摇摆抬升特性与结构所经历的加载历程没有明显关系。

4

整体木构架滞回性能

4.1 初次测试阶段木构架滞回性能

4.1.1 滞回曲线

图 4-1 分别为一～三级竖向荷载下初次加载木构架的滞回曲线。从图中可以看出，不同竖向荷载下的三次测试得到的木构架滞回曲线具有相似的特征，曲线均不饱满。当水平位移幅值较小时，滞回环呈图 4-2 所示的不饱满的梭形，二级循环后滞回环均呈窄条状的"S"形，表明了此类木结构较弱的耗能能力。此外，每次测试完毕后曲线均能回到接近初始位置，说明结构具有良好的整体变形恢复能力。

木构架加载过程中的荷载-位移曲线表现出如下特征：

① 当水平位移小于 15mm 时，木构架处于弹性变形状态，加载过程中荷载与位移基本呈线性关系，此阶段由于水平位移较小，木构件主要产生弹性变形，构件间存在少量的相互错动，但其结果主要是致使构件间初始缝隙减小；

② 当水平位移达到 15mm 时，荷载-位移曲线由初始阶段的近似线性逐渐变得平缓，木构架进入屈服；

③ 当水平位移达到 60mm 左右时曲线小幅上升，木构架承载力增强，产生这一现象主要是由于在较大的水平位移下，构件间的初始缝隙消失而使构件接触并相互挤压，尤其在榫卯节点处，由于柱和阑额间较大的相对转动导致榫头和卯口的相互挤压和嵌压增强了节点的弯矩抵抗力。

卸载初期，荷载出现急速下降，并且该现象随水平位移幅值增大而更显著，这是由于位移方向变化，导致构件间原有挤压力和静摩擦力减小、消失或变向；在之后的卸载过程中，卸载曲线落在加载曲线之下，并几乎一直与加载曲线平行；完全卸载后，曲线回到接近初始位置，但残留 5mm 左右的变形，该残留变形主要是由构件间初始缝隙的偏移以及构件的塑性形变导致。

由于本次测试所采用的木构架模型本身是对称结构，水平加载装置也对称布置，并且东西侧采用的加载制度也完全相同，因而木构架向东加载和向西加载过程中的滞回曲线表现出较好的对称性，该特征也与预期相符。然而，东西方向滞回曲线也有一定的差异，主要由以下三方面原因导致：

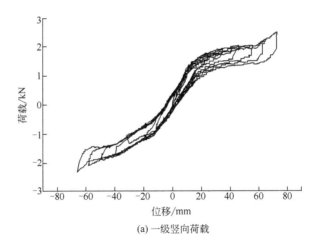

(a) 一级竖向荷载

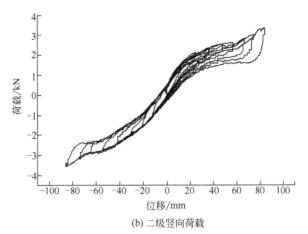

(b) 二级竖向荷载

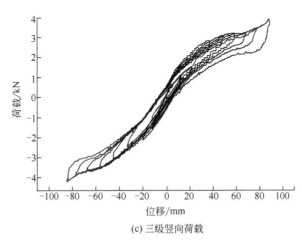

(c) 三级竖向荷载

图 4-1　初次测试阶段木构架滞回曲线

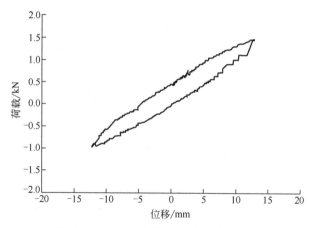

图 4-2　FT-L3 一级循环测试中的滞回环

①　木材作为一种天然建筑材料，其材料本身具有离散性，如木材纹理方向、木节、木材缝隙的影响很难人为控制；

②　木构件虽然由经验丰富的木匠制作，但很难保证各构件的尺寸与设计完全相符，构件间不可避免地存在由于接触面不完全贴合而产生的缝隙，并且缝隙在构件间的分布具有很大的随机性；

③　加载装置虽然设计为对称于结构两侧，但由于加载系统较为复杂，尽管现场安装时严格把控安装质量，但很难保证结构两侧的加载装置全完对称。

从同一级竖向荷载下的各级循环测试可以看出，在弹性范围内，各级循环加载曲线完全重合，而超过弹性范围后，后一级循环加载过程中的曲线也基本沿着前一级循环的加载轨迹，并且向西加载过程中该现象更为显著。以上曲线特征说明木构架在经历前一级循环测试后，其承载力并无明显降低，这主要得益于木结构的摇摆特性，减小了木构件及节点的损伤，并且结构的变形在前一级循环测试完毕后可基本恢复。木结构的该特性使其在遭遇长持时地震作用时有较大的优势，可保证结构在较长时间的地震作用下受到较小的破坏，并且在震后仍具有较好的继续承载的能力。

对比 FT-L1、FT-L2、FT-L3 三组曲线可以看出，竖向荷载的变化不影响滞回曲线的整体变化趋势，说明竖向荷载不改变木构架的变形及耗能机制，但不同竖向荷载下的曲线也表现出一定的差异。随着竖向荷载的增大，曲线弹性段长度增加，木构架更不易屈服；FT-L1 测试屈服阶段的荷载-位移曲线更平缓，随着竖向荷载的增大，屈服段曲线斜率明显增大，说明竖向荷载的增大有利于提高木构架的承载力；随着竖向荷载增大，加载曲线在较大位移下的上升变得不显著，主要是由于竖向荷载对结构承载力的提升削弱了节点弯矩抵抗力对结构承载力的影响；此外，随着竖向荷载的增大，卸载初期荷载下降更显著，滞回曲线相对变得饱满，说明竖向荷载虽不改变对木构架的耗能机制，但影响结构的耗能量。

4.1.2 骨架曲线

将木构架滞回曲线每级循环的峰值点依次相连得到其骨架曲线，三次测试中的骨架曲线如图 4-3 所示，从图中可以看出不同竖向荷载下的木构架骨架曲线具有相似的特征。初期加载阶段骨架曲线经历较短的线性段，当水平位移达到柱直径（194.5mm）的 1/10 左右时骨架曲线随着位移的增加逐渐变得平缓，但仍继续上升，当水平位移达到柱径的 1/3 左右时，骨架曲线中出现如之前滞回曲线中所述的强化点。本次测试中，无论向东加载还是向西加载，曲线均没有出现下降段，但木构架最大层间位移角达到了 1/22，这表明传统木结构不仅有较好的变形能力，在大位移下还能承担一定的荷载。此外，比较 FT-L1、FT-L2 和 FT-L3 三条骨架曲线，水平力从第一个循环峰值的 1.12kN、1.22kN、1.29kN（1:1.09:1.15），到最后一个位移循环峰值的 2.43kN、3.45kN、3.97kN（1:1.42:1.63），可以看出随着竖向荷载的增加，相同位移水平对应的水平承载能力是提高的，但水平位移较小时提高的并不像水平位移较大时那么明显。骨架曲线在向东和向西加载时虽然具有相同的变化趋势，但也有明显的差异，该差异产生的原因与上述分析滞回曲线时相同，主要是由木材材性的离散、构件加工误差及加载装置的安装误差导致。

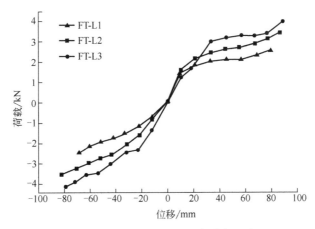

图 4-3 初次测试阶段木构架骨架曲线

三次测试木构架的骨架曲线均可用如图 4-4 所示的两段简化的直线段表征，其中 A 点和 B 点分别表示曲线的屈服点和极值点。OA 段用以表征骨架曲线的初始线性段，A 点为直线段的末端点，A 点过后，木构架进入屈服阶段；由于骨架曲线没有下降段，且木构架的极限状态由水平位移控制，因而以测试中结构达到极限状态时的位移和荷载作为其极值点，即 B 点，AB 段包含曲线初始屈服段以及较大位移下的小幅上升段。

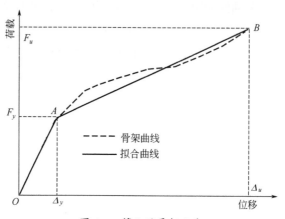

图 4-4　简化的骨架曲线

　　表 4-1 列出了用以表征线段 OA 和 AB 的特征参数，包括表征屈服点 A 的屈服位移 Δ_y 和屈服荷载 F_y，以及表征极值点 B 的极限位移 Δ_u 和极限荷载 F_u。骨架曲线在正负加载方向的不对称性主要源自实验误差，对于该对称木构架，采用对称的简化模型更符合其力学特性，也更便于该模型的广泛应用，因而所采用的简化骨架曲线模型为正负对称的，但在计算各个特征参数时，取正负方向的平均值，以消除实验误差的影响。

※ 表 4-1　简化骨架曲线特征参数

测试	屈服点		极值点	
	Δ_y	F_y	Δ_u	F_u
FT-L1	14.60	1.15	—	—
FT-L2	19.57	1.60	85.04	3.45
FT-L3	21.46	1.91	85.75	3.97

　　从表 4-1 可以看出，从 FT-L1 至 FT-L3，屈服位移明显增大，说明随着竖向荷载的增大，木构架的弹性阶段延长，因而在较大的竖向荷载下，木

构架更不易产生屈服。此外，随着竖向荷载增加，木构架的屈服荷载也明显增大，抵抗屈服的能力增加，该现象主要是由于木构架的变形以摇摆为主，较大的竖向荷载可提供给结构较大的摇摆恢复力。屈服位移和屈服荷载虽然随竖向荷载增大而增大，但与竖向荷载均没有明显的线性关系，可以看出从 FT-L1 到 FT-L2，屈服位移和屈服荷载的提升幅度明显大于从 FT-L2 到 FT-L3，这说明竖向荷载对木结构抵抗屈服能力的提升是有一定限度的。

FT-L1 测试中由于仅进行了 1～7 级循环测试，未进行最后一级极限加载测试，因而未在表中列出其极值点。FT-L2 和 FT-L3 两次测试中木构架极限位移接近，说明竖向荷载的变化不影响木结构的位移能力，这主要是由于木构架极限状态由变形决定，该变形主要取决于柱倾斜量，当柱倾斜到一定程度，木构架就接近倾覆，与竖向荷载的大小无关。虽然两次测试中木构架极限位移相近，但 FT-L3 测试中结构的极限荷载更大，说明竖向荷载提高了结构的极限承载能力。因而，较大的竖向荷载下，木结构虽然变形能力不变，但却能承受更大的水平荷载，对结构也是有利的。需要注意的是，本次研究所施加的最大竖向荷载为考虑实际结构最不利工况计算得到的最大屋顶荷载，并未进行竖向超载测试，无法得到结构的竖向承载极限，因而本章讨论的竖向荷载的有利作用仅适用于小于结构实际承受的荷载时。

4.1.3　刚度

刚度反映了木构架抵抗水平变形的能力，木构架刚度按式（4-1）计算的割线刚度表示。图 4-5 为任一级循环测试的木构架刚度计算图示，其中，F_i 表示第 i 级循环加载的峰值荷载、Δ_i 表示第 i 级循环加载的峰值位移、"+"和 "–" 分别表示向东和向西加载。

$$K_i = \frac{\left|+F_i\right| + \left|-F_i\right|}{\left|+\Delta_i\right| + \left|-\Delta_i\right|} \tag{4-1}$$

三次测试得到的木构架刚度如图 4-6 所示，可以看出不同竖向荷载下木构架刚度随水平位移变化具有相同的变化趋势，并可分为以下三个变化阶段。

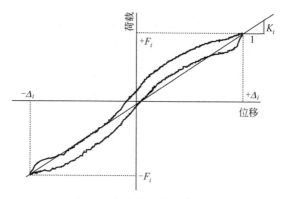

图 4-5　木构架刚度计算图示

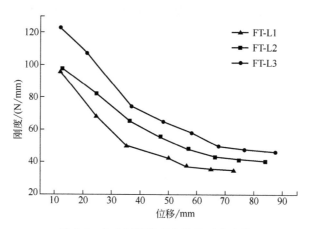

图 4-6　初次测试阶段木构架刚度曲线

（1）剧降阶段

当 $\Delta \leqslant 30mm$ 时，随着水平位移增大，木构架刚度表现出显著的下降，产生该现象主要是由于，木构架在未受载时为一个稳定的结构体系，柱底全表面与地面接触，此时，要使结构产生水平位移需要较大的外荷载作用，结构具有较大的初始抗侧移刚度；当结构产生水平位移后，柱底接触面产生明显变化，接触区域向柱底边缘转移，木构架由稳定的结构体系转变为不稳定的绕柱脚转动的结构，抗侧移刚度显著下降，且在此阶段内，柱脚有效受压面随着水平位移增大变化最为显著。

（2）缓降阶段

当 $30mm < \Delta \leqslant 60mm$ 时，木构架刚度下降相对于上一阶段有明显的减缓，主要是由于柱脚接触面的变化变缓，并且随着水平位移增大，构

件间一些初始缝隙逐渐消失，木构架中接触面增多，减缓了刚度下降的幅度。

（3）稳定段

当Δ>60mm时，随着水平位移增大，木构架刚度下降非常缓慢或表现为不下降，此阶段主要是由于较大水平位移下，榫头和卯口相对转动幅度较大，增大了两者间的咬合力，从而大幅增加了榫卯节点的弯矩抵抗力，对木构架抗侧移产生了有利的影响。

由以上规律可以看出，木构架刚度的变化与其他结构，如砌体结构、混凝土结构等，有着本质的区别。木构架的刚度变化主要是由于构件间的接触变化，包括柱底接触面的变化、榫卯节点转动导致的榫头和卯口接触条件的变化，以及存在于其他各构件间的缝隙的变化。在较小的水平位移下，柱底接触变化对结构刚度影响较大；而在较大的结构变形下，榫卯节点对结构刚度的影响主要表现为减缓刚度下降或小幅提高结构刚度。此外，由于每次测试完毕后，木构架各构件接触状况可基本恢复至初始未加载时的状态，因而这种接触变化导致的木构架刚度变化是可逆的。每次测试中各级循环的加载曲线基本重合，与木构架的这种刚度可恢复性密切相关。

对比三次测试可看出，随着竖向荷载增大，木构架的侧移刚度明显增加，但刚度增加的幅度随着水平位移的增大而减小，说明竖向荷载对木结构抗侧移能力的提升在水平位移较小时较为显著。这主要是由于随着结构变形增大，榫卯节点弯矩对结构刚度的影响越来越显著，而榫卯节点弯矩抵抗力仅与梁柱的相对转动幅度有关，与竖向荷载大小无关。此外也可以看出，FT-L1测试的前两级循环得到的木构架刚度较高，尤其在循环1中，木构架刚度甚至与二级竖向荷载下的结构刚度相当。产生该现象是由于进行FT-L1测试时，木构架为未受载的新结构，结构中可能存在一些初始安装应力，导致其刚度增大，在经过几次测试后初始应力得到释放，木构架刚度变化趋于正常。

4.1.4 耗能

耗能是评价结构抗震性能的重要指标，而累积滞回耗能和等效黏滞阻尼系数（h_e）是衡量木构架耗能能力的重要参数，前者反映出木构架耗能量的大小，后者可评价木构架的耗能能力。

对于任一循环测试，木构架的滞回耗能用加载曲线和卸载曲线所包围的面积表示，木构架的累积耗能为本级及本级循环之前各循环测试耗能量之和。从图4-7可以看出，FT-L1、FT-L2、FT-L3三次测试中木构架累积滞回耗能有相同的变化趋势。水平位移较小时，木构架整体处于弹性状态，此时结构耗能主要源自构件间微小的相互错动而产生的摩擦耗能，此阶段结构耗能较小。从图中也可看出，当$\Delta \leqslant 30$mm时，结构累积耗能增长较缓慢，并且与水平位移基本呈线性关系。当$\Delta > 30$mm时，随着水平位移增大，一方面构件间的相互错动持续增大，摩擦耗能增加；另一方面，构件间相互挤压和嵌压（主要发生于梁柱连接区域），以及构件相互错动导致的构件剪切（如暗销），使得部分木构件产生塑性变形耗能，因而木构架累积耗能增长的速率明显变快。

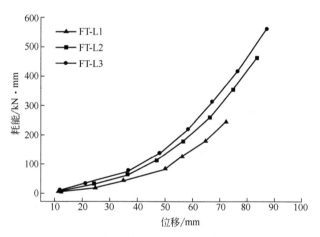

图4-7　初次测试阶段木构架累积滞回耗能曲线

图4-7还表明，随着竖向荷载的增大，相同水平位移下，木构架累积耗能增加，并且该现象在较大的水平位移下更显著。竖向荷载的增大增加了构件间的摩擦力，由功能关系可知，若构件间的相对滑移量不变，摩擦力所做的功会明显增加，从而增加结构的摩擦耗能，然而从图中可以看出，当$\Delta \leqslant 30$mm时，累积耗能量随竖向荷载增大变化并不显著，主要是由于竖向荷载的增大在增加构件间摩擦力的同时，也限制了构件间的相互滑移错动。此外，随着竖向荷载的增加，相同水平位移下的水平外荷载增大，从

而增大了各构件间的相互挤压力，木构件可产生更多的塑性变形，因而可以看出，当$\Delta>30$mm 时，竖向荷载增大明显增大了木构架的累积耗能。

木构架等效黏滞阻尼系数参照 EN 12512：2006[123]中的相关规定按式（4-2）计算。等效黏滞阻尼系数计算图示见图 4-8。

$$h_e = \frac{S_{\text{loop}}}{2\pi(S_{\Delta+} + S_{\Delta-})} \tag{4-2}$$

式中　S_{loop}——滞回曲线面积；

$S_{\Delta+}$，$S_{\Delta-}$——原点、荷载正负极值点及荷载值点对应的横坐标所围成的三角形面积。

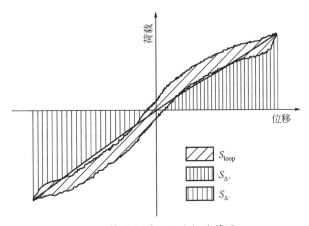

图 4-8　等效黏滞阻尼系数计算图示

从图 4-9 可以看出，随着水平位移增大，虽然木构架的耗能量增加，但等效黏滞阻尼系数呈持续下降的趋势，木构架耗能能力减弱。前三级循环中，不同竖向荷载下的木构架等效黏滞阻尼系数有较大的差异，并且 FT-L1 测试中等效黏滞阻尼系数的变化规律明显不同于其他两次测试，主要是由于上文中提到的构件间初始应力的存在使得外荷载增大和输入结构中的能量增多，从而导致 FT-L1 前两级测试得到的等效黏滞阻尼系数较小。三级循环后，三次测试中的等效黏滞阻尼系数曲线基本重合，表明结构产生较大的变形时，其耗能能力与竖向荷载无关，此外，此阶段等效黏滞阻尼随水平位移增大虽有减小，但减小速率较慢，主要是由于塑性耗能的增加减小了结构耗能能力降低的速率。

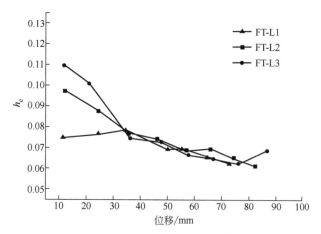

图 4-9　初级测试阶段等效黏滞阻尼系数曲线

三次测试中，木构架的等效黏滞阻尼系数在 0.061～0.110 之间，该值远低于单独对斗拱节点或梁柱节点的测试结果，再次表明此类木结构耗能能力较弱。然而，木构架却表现出较好的抗震性能，不仅能抵抗较大的水平变形，而且在水平荷载作用下不易受到损伤，说明木构架的抗震能力并不由耗能决定。木构架抗震主要依靠其特有的节点连接，通过摇摆抬升将输入结构的地震能量转化为重力势能储存于质量较大的屋顶，并且随着结构变形的恢复，储存的重力势能也会同步释放，因而此类结构虽然消耗能量较少，但抗震性能较好。木构架的该摇摆抗震机理将在后续章节中进行详细分析与讨论。

4.2　重复加载导致的木构架滞回性能变化

4.2.1　滞回曲线变化

图 4-10 为六次测试得到的木构架滞回曲线，为便于对比，同级竖向荷载下两次测试的曲线置于同一图中。从图中可以看出同一竖向荷载下的第二次测试所得到的滞回曲线与初次加载曲线整体变化趋势相似，曲线仍呈不饱满的窄条状"S"形。

对比 FT-L1 与 ST-L1 两组曲线可以看出［图 4-10(a)］，第二次测试曲线弹性阶段的斜率明显变小，说明结构的刚度和承载力均降低；当水平位

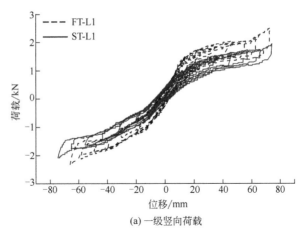

(a) 一级竖向荷载

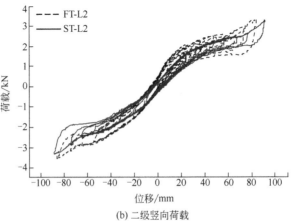

(b) 二级竖向荷载

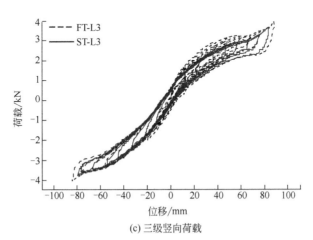

(c) 三级竖向荷载

图 4-10 六次测试中木构架滞回曲线

移超过屈服位移后,两次测试加载过程中的曲线接近平行,然而,重复加载导致屈服阶段的强化点明显延后,并且曲线上升幅度也明显减小,该现象主要是由于初次加载导致榫卯节点接触区域产生较多的塑性变形,节点产生松动,因而阑额和柱需要产生更大的相对转动量才能使榫卯节点产生与初次加载时相当的咬合力,并且节点变形能力下降也致使其产生的弯矩抵抗力降低。卸载初期,ST-L1 测试中曲线下降幅度明显减小,从而也导致其滞回环相较于初次加载更加不饱满,结构耗能进一步降低,但之后的卸载过程中,卸载曲线与加载曲线平行,该特征与初次加载时相同。此外,向西和向东加载过程中,曲线变化规律一致。

二级竖向荷载下两组曲线的差异性与一级竖向荷载下有所不同,如图 4-10(b) 所示,向东加载过程中,ST-L2 测试中的滞回曲线更狭窄,曲线包含于 FT-L2 的内部,说明木构架耗能降低较多。而从图 4-10(c) 可以看出,ST-L3 与 FT-L3 对应的滞回曲线差别不明显,唯一的变化是正方向加载过程中 ST-L3 施加的水平力变小,除此外两组曲线加载和卸载轨迹基本重合,表明在此级竖向荷载下,木构架滞回性能基本无变化。

可见,一级竖向荷载下木构架滞回曲线变化最显著,二级竖向荷载次之,三级竖向荷载下变化最小。该现象一方面与本次研究所采用加载制度有关,在 FT-L1 与 ST-L1 以及 FT-L2 与 ST-L2 之间,木构架经历了更多的加载历程,而 FT-L3 与 ST-L3 为相邻的两次测试,较多的加载历程使木构架累积更多的损伤,同时由于经历更多次加载,构件间接触面变化也更大,导致摩擦力有较大变化,因而,木结构经历的加载历程越多,即遭遇的地震次数越多,结构滞回性能变化越显著,该变化主要表现为结构承载力和耗能性能下降;此外,较大竖向荷载下的测试使结构产生更多的塑性损伤,卸除竖向荷载这些变形不会恢复,这些损伤对于较小竖向荷载下的测试影响更大。虽然重复加载会导致结构的滞回性能产生变化,但 ST-L1、ST-L2 和 ST-L3 三次测试中,各滞回环的加载轨迹相对于初次测试重合度更高,说明重复加载不影响结构的摇摆性能。

4.2.2 骨架曲线变化

六次测试得到的木构架骨架曲线(图 4-11)表明,重复加载不影响骨架曲线的变化趋势，但随着木构架经历更多的加载历程，骨架曲线也会产生一定的变化。同级竖向荷载下，其变化主要体现于相同水平位移下的承载力降低。从 FT-L1 到 ST-L1、FT-L2 到 ST-L2、FT-L3 到 ST-L3，木构架承载力分别下降了 21.8%、14.2%、4.9%（每级竖向荷载下各循环降低的平均值）。可见，一级竖向荷载下的变化最为显著，主要是由于这两次测试之间有更多其他的加载过程，这些加载都是在更高的竖向荷载下进行的，构件之间的接触面会有大量的残留变形的累积，降低了单个构件的承载力及节点的紧密度。

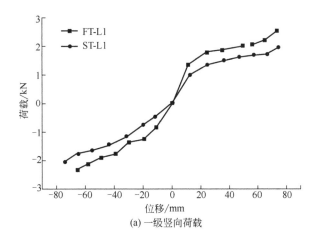

(a) 一级竖向荷载

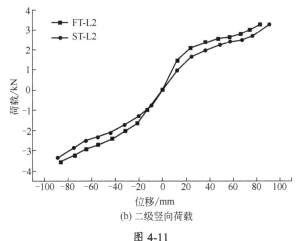

(b) 二级竖向荷载

图 4-11

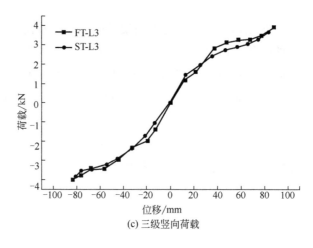

(c) 三级竖向荷载

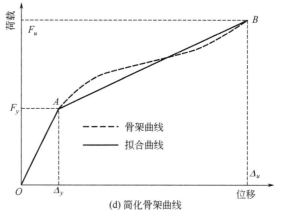

(d) 简化骨架曲线

图 4-11 六次测试木构架骨架曲线及简化曲线

对比 FT-L1 和 ST-L1 两组曲线可以看出，重复加载导致曲线弹性阶段的斜率明显下降，说明较多的加载历程明显降低了结构的弹性刚度和承载力；在屈服阶段，两次测试的骨架曲线接近平行，说明此阶段结构恢复力变化趋势是一致的。对比 FT-L2 和 ST-L2 两组曲线可看出，重复加载引起的骨架曲线变化与一级竖向荷载下的两次测试一致，但两次测试曲线的差异性相对于一级竖向荷载有明显的减小。此外，由于 FT-L3 和 ST-L3 两次测试间无其他加载历程，两者的骨架曲线近乎重合，说明结构刚度和承载力均无明显变化。

由于 ST-L1、ST-L2 和 ST-L3 三次测试中的骨架曲线与初次加载测试阶段的曲线变化趋势相同，因而可采用与初次加载测试相同的简化骨架曲线模型，如图 4-11(d) 所示。六次测试中简化骨架曲线的特征参数汇总于表 4-2。

※ 表 4-2　简化骨架曲线特征参数

测试	屈服点		极值点		测试	屈服点		极值点	
	Δ_y/mm	F_y/kN	Δ_u/mm	F_u/kN		Δ_y/mm	F_y/kN	Δ_u/mm	F_u/kN
FT-L1	14.60	1.15	—	—	ST-L1	15.12	0.87	—	—
FT-L2	19.57	1.60	85.04	3.45	ST-L2	20.03	1.39	89.89	3.34
FT-L3	21.46	1.91	85.75	3.97	ST-L3	20.40	1.81	8.54	3.73

　　表 4-2 表明，从 ST-L1 至 ST-L3，屈服位移呈增大的趋势，但与初次加载测试不同的是，从 ST-L2 至 ST-L3，屈服位移增加的幅度很小，说明重复加载导致木构架弹性段随竖向荷载增大而增加的趋势减弱。然而，木构架屈服荷载随竖向荷载增大而增加的规律没有变化。从 ST-L2 和 ST-L3 两次测试来看，木构架极限位移与竖向荷载仍无明显相关性，而极限荷载仍随竖向荷载的增大而增大。

　　对比 FT-L1 和 ST-L1、FT-L2 和 ST-L2、FT-L3 和 ST-L3 可以看出，重复加载对木构架屈服位移无明显的影响，同一竖向荷载下两次测试所确定的屈服位移相当。然而，屈服荷载从 FT-L1 到 ST-L1、FT-L2 到 ST-L2、FT-L3 到 ST-L3 分别下降了 24%、13%、5%，降低幅度随竖向荷载增大明显减小，说明当结构经历较多的加载历程，虽然屈服位移没有显著下降，但由于屈服荷载的降低，木构架抵抗屈服的能力也会下降。

　　FT-L2、FT-L3、ST-L2 和 ST-L3 测试中，木构架的极限位移分别为 85.04、85.75、89.89 和 81.54，该极限位移与加载历程无明显的相关性。该特性主要是由于木构架极限位移主要取决于柱的摇摆幅度，由于柱为顺纹受压，抗压强度较高，经过一次加载后没有明显的塑性变形，其摇摆幅度能保持不变。然而，从 FT-L2 到 ST-L2、FT-L3 到 ST-L3，极限荷载分别降低了 3% 和 6%，这主要是由于构件的塑性损伤降低了单个构件的承载力及节点的紧密度，从而降低了结构的极限承载力。虽然木构架极限位移不受加载历程的影响，但由于重复加载导致结构承载力下降，相同的水平外荷载作用下，木构架的水平位移量增加，对结构也是不利的。

4.2.3　刚度变化

　　如图 4-12 所示，ST-L1、ST-L2 和 ST-L3 三次测试的刚度曲线中，木构架刚度随水平位移增大明显下降，但下降速率逐渐变缓；水平位移超过60mm后，木构架刚度基本不下降甚至略有上升；随着竖向荷载增大，木构架的侧移刚度明显增加，但刚度增加的幅度随着水平位移的增大而减小。以上特征与初次加载测试中刚度曲线的变化规律相似，主要是由于重复加载不改变整体结构及构件的变形特征，因而导致结构刚度变化的本质未变。

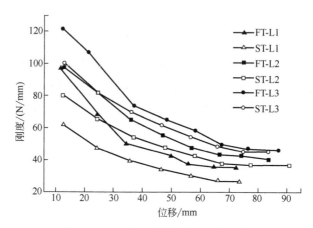

图 4-12　六次测试木构架的刚度曲线

从图中可以看出，后三次测试得到的曲线规律性更好，三条曲线表现为近似平行的曲线，尤其在一级竖向荷载下，ST-L1 曲线相较于 FT-L1 曲线更平滑，曲线没有急剧转折点。该现象主要是由前文提到的构件在组装时由于不能精确就位而使构件间存在初始应力，导致新木构架刚度提升，而结构在经历一定的加载历程后，构件逐渐归位，初始应力得到释放，结构刚度变化更规律。现存的大多数木结构均经历过多次水平外荷载作用，因而 ST-L1、ST-L2 和 ST-L3 三次测试更能反映实际古建筑木结构的刚度随水平位移的变化特征。

对于相同的水平位移，同一竖向荷载下的第二次测试对应的木构架刚度均变小，主要是由于木构架经历多次加载历程导致的构件残留塑性变形的累积以及节点松动所致。从图 4-13 可以看出，刚度降低的幅度（以同一竖向荷载下初次测试阶段和重复测试阶段木构架刚度的差值与初次测试阶段木构架刚度的比值表示）与竖向荷载级别及水平位移明显相关。从 FT-L1 到 ST-L1、FT-L2 到 ST-L2、FT-L3 到 ST-L3，刚度减小从一级循环中的 36%、17% 和 18%，到最后一级循环中的 23%、9% 和 1%，说明随着水平位移幅值增大，重复加载对结构刚度的影响减弱。此外，从 FT-L1 到 ST-L1 结构刚度下降最为显著，主要是由于期间经历了更多的加载历程。

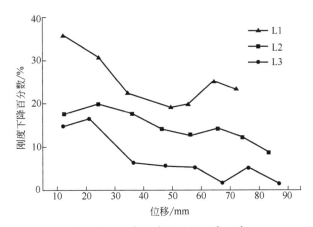

图 4-13　重复加载下结构刚度下降

L1——一级竖向荷载；L2——二级竖向荷载；L3——三级竖向荷载

4.2.4　耗能变化

对应于 ST-L3、ST-L2、ST-L1 各水平加载的开始，木构架已累积的耗能分别为 1276kN·mm、1780kN·mm、2148kN·mm，但从图 4-14 可以看出，木构架继续累积耗能曲线与初次加载阶段的三次测试仍有相同的变化趋势，说明重复加载虽然导致木构架内部产生了一定的损伤，但其耗能机

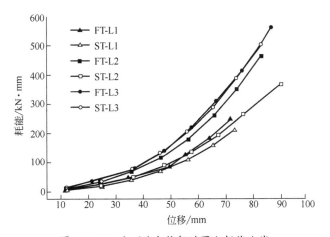

图 4-14　六次测试木构架的累积耗能曲线

制并未改变。然而，在同一级竖向荷载下的第二次测试中，木构架累积耗能随水平位移增长的速率明显减慢，其累积耗能曲线落于初次测试曲线之下，尤以一级和二级竖向荷载下最为显著，主要是由构件残留的塑性变形及摩擦面变化所致。

图 4-15 所示为各级竖向荷载下木构架累积耗能下降百分率随加载幅值的变化。从图中可以看出，累积耗能下降百分率随水平位移增加并无明显的变化规律，并且在各级竖向荷载下的变化幅度不大，均接近于某一固定值。从 FT-L1 到 ST-L1、FT-L2 到 ST-L2、FT-L3 到 ST-L3，木构架累积耗能下降幅度分别为 15%、26% 和 4%（如图中虚线所示），可见二级竖向荷载下木构架累积耗能降低幅度最大，而一级竖向下的两次测试间虽然经历更多的加载历程，降低幅度却较二级竖向荷载低，该现象与其他滞回特性的变化规律不同；三级竖向荷载下，由于为两次相邻的测试，累积耗能下降幅度最小。

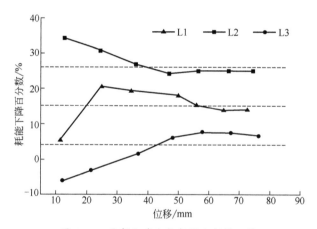

图 4-15　重复加载木构架累积耗能下降

ST-L1、ST-L2 和 ST-L3 三次测试得到的木构架等效黏滞阻尼系数曲线如图 4-16 所示。从图中可以看出，不仅曲线变化趋势与初次测试时相同，其数值也和初次测试时相近，尤其是 ST-L1 和 ST-L3 测试。FT-L1 和 ST-L1、FT-L2 和 ST-L2、FT-L3 和 ST-L 测试中木构架等效黏滞阻尼系的平均值分别为 0.071 和 0.075、0.075 和 0.066、0.077 和 0.076，可见，木构架等效黏滞阻尼系数并不受其所经历的加载历程的影响，说明构件塑性变形以及摩擦面变化不会导致其耗能能力明显退化，中国传统木结构能够经受住多次地震作用，与该特性有着密不可分的关系。

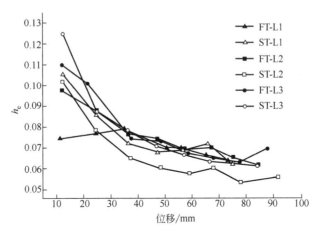

图 4-16　六次测试木构架等效黏滞阻尼系数

4.3　恢复力模型

4.3.1　木构架恢复力模型建立

本次测试表明，水平反复荷载作用下，木构架各构件均无明显的破坏，柱脚抬升以及榫卯变形机制赋予木构架良好的抵抗水平变形的能力，而狭长的滞回曲线又反映出结构较弱的耗能能力，目前还未有合适的反映整体木结构滞回特性的恢复力模型。本章参考 Moroder 等[124]、Martinelli 等[125]和 Rinaldin 等[126]的研究成果，建立了如图 4-17 所示的双线型线性强化弹塑性模型以表征此类木结构在水平反复荷载作用下的恢复力特征。此外，从前文研究结果可以看出，不同竖向荷载下以及经历不同加载历程的木构架均可用同一恢复力模型表征，而各特征段刚度的差异可反映出竖向荷载及重复加载的影响。

如图 4-17 所示，OA 和 AB 分别表示骨架曲线的弹性段和屈服段，其中 A 和 B 分别代表屈服点和极限点。OA 段的斜率 K_1 为木构架的初始弹性刚度，用以反映结构在小位移情况下的恢复力随位移变化特征，并且初始加载段木构架刚度相对较大，K_1 具有较大的值；当位移超过屈服点，木构架刚度明显下降,退化为 K_2,以反映结构在非线性段恢复力随位移变化特征。屈服阶段包含骨架曲线和滞回曲线后期微上升段,屈服阶段末端点为极限位移点 B。

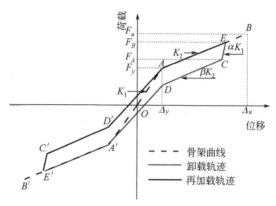

图 4-17　木构架恢复力模型

当卸载点超过屈服点 A 并且小于极限点 B 时,如图中 E 点,卸载曲线可用三段不同刚度的线段表征,即线段 EC、线段 CD 和线段 DA'。线段 EC 具有较大的刚度 αK_1(其中 $\alpha>1$),以表征卸载初期由于位移方向变化,构件间原有挤压力和静摩擦力减小、消失或变向而导致的荷载急速下降,当水平荷载下降至 F_C 时停止下降,其中 F_C 的值按下式确定:

$$F_C = F_E - \gamma F_y \tag{4-3}$$

式中　F_E——卸载点 E 点的荷载值;

　　　F_Y——屈服荷载。

C 点之后,由各次测试中的滞回曲线特性可知,卸载曲线落在加载曲线之下,并几乎一直与加载曲线平行,因而 CD 段的斜率与加载过程的 AE 段相同,系数 $\beta=1$;第三条线段 DA' 中,A' 表示反向加载过程中的屈服点。反向测试过程中恢复力模型加载与卸载曲线的确定与正向测试相同。

滞回曲线及骨架曲线不对称性主要源自实验误差,为简化模型,恢复力模型采用对称模型,而在计算各特征段刚度时,取正负方向的平均值,以消除实验误差的影响。木构架各特征刚度 K_1 和 K_2 以及系数 α、β 和 γ 列于表 4-3。

测试	屈服点		极值点		刚度/(N/mm)		系数		
	Δ_y / mm	F_y /kN	Δ_u /mm	F_u /kN	K_1	K_2	α	β	γ
FT-L1	11.9	1.15	69.29	2.43	96.9	20.1	2	1	0.45
FT-L2	18.3	1.80	85.04	3.45	98.2	23.8	2	1	0.45
FT-L3	20.1	2.13	85.75	3.97	106.0	25.1	2	1	0.45
ST-L3	19.0	1.91	81.5	3.73	100.7	28.9	2	1	0.45
ST-L2	17.4	1.41	89.89	3.34	81.1	26.5	2	1	0.45
ST-L1	17.0	1.06	74.23	2.00	62.4	16.3	2	1	0.45

4.3.2　恢复力模型检验

　　所建立的恢复力模型应当能够反映木构架各阶段的刚度和承载力随水平位移的变化特征，除此之外，耗能性能是木结构抗震性能的重要指标，因而恢复力模型也应能够反映出此类木结构耗能特性。通过比较试验所确定的木构架实际耗能量与建立的恢复力模型滞回环所包围面积的差异，可以检验该模型是否能较好地反映结构的耗能性能。

　　基于以上目的，本章采用 So.ph.i.软件[126-129]将建立的木构架恢复力模型与试验得到的滞回曲线进行对比。在该软件中，将每次测试确定的恢复力模型的屈服点、极限点、刚度 K_1 和 K_2 以及系数 α、β 和 γ 输入，并导入该次测试的试验结果，即可实现两者的对比。六次测试的试验曲线与恢复力模型对比结果如图 4-18 所示，从图中可以看出，试验曲线与所建立的恢复力模型曲线拟合结果较好，无论在加载过程中还是卸载过程中，所建立的恢复力模型均能很好地反映结构在弹性阶段及屈服阶段的恢复力特性以及各阶段的刚度变化特征。此外，可以看出，ST-L1、ST-L2 和 ST-L3 中恢复力模型曲线与试验曲线的拟合度更高，表明该模型能够更好地反映经历过多次加载历程的木构架恢复力特征，也就是说该恢复力模型更适用于实际的木结构。

　　从耗能上看，FT-L1、FT-L2、FT-L3、ST-L1、ST-L2 和 ST-L3 中恢复力模型所确定的计算耗能与试验曲线所确定的木构架实际耗能相差分别为 −2.63%、4.97%、2.34%、3.35%、3.51% 和 1.38%，其中负值表示计算耗能小于实际耗能。可见，两者的耗能差值均在±5%以内，因而该恢复力模型不仅能较好地反映出新结构的耗能特性，还能够反映出承受过多次荷载及不同竖向荷载下木结构的耗能特性。

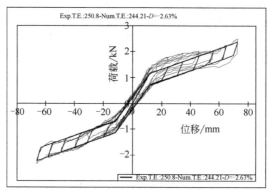

(a) FT-L1

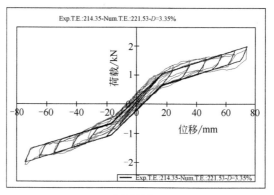

(b) ST-L1

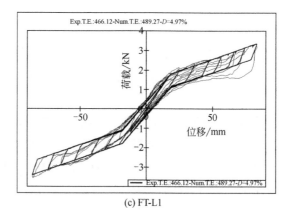

(c) FT-L1

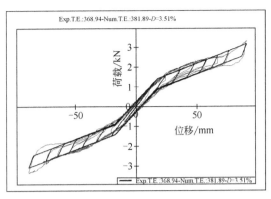

(d) ST-L1

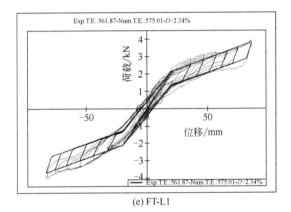

(e) FT-L1

(f) ST-L1

图 4-18 试验结果和恢复力模型对比

灰线— 试验结果；黑线— 恢复力模型结果

5

柱架层和斗拱层滞回性能

5.1 初次测试阶段柱架层和斗拱层滞回性能

5.1.1 柱架层和斗拱层滞回曲线

（1）柱架层

FT-L1、FT-L2 和 FT-L3 三次测试中柱架层的滞回曲线如图 5-1 所示。与图 4-1 中整体木构架的滞回曲线对比可看出，柱架层的滞回曲线与整体结构曲线高度相似，两者差别主要表现为同一级循环测试中柱架层的水平位移略小。三次测试柱架层滞回曲线也均呈不饱满的 S 形，加载和卸载过程

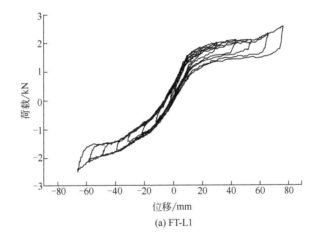

(a) FT-L1

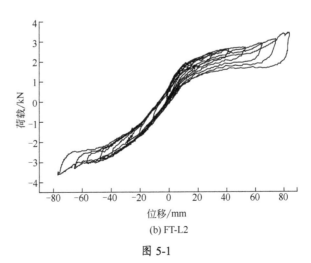

(b) FT-L2

图 5-1

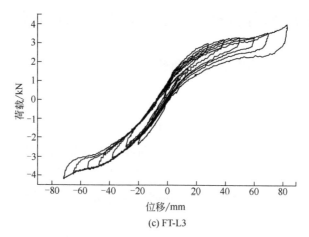

(c) FT-L3

图 5-1   初次测试阶段柱架层滞回曲线

中曲线的变化趋势也与整体结构相似。水平位移达到 60mm 时，柱架层滞回曲线也出现小幅上升，进一步说明了该强化是由于柱架层榫卯节点的咬合力增加，弯矩抵抗力增大，从而增加了结构的恢复力。

柱架层和整体结构滞回曲线具有高度相似性，主要是因为此类木结构的滞回性能主要由其摇摆特性决定，该摇摆特性使得木结构可以产生较大的水平变形，并且木构件不会产生过多损伤，而木结构的这种摇摆特性主要体现于柱架层，依靠柱底的平摆浮搁以及榫卯节点的半刚性连接实现其摇摆。因而，整体木结构的滞回性能可以完全反映于柱架层，但由于斗拱层也承担了少量的水平变形，导致柱架层的水平变形能力略弱于整体结构。

以往很多学者均对柱架层或榫卯节点进行过水平反复加载测试，然而，众多测试中得到的柱架层滞回曲线都相对饱满，并且其结构没有很好的变形恢复能力，与本书得到的试验结果有明显的不同。产生该现象主要原因是在很多单独对柱架层或榫卯节点的测试中，其受载边界与实际木结构并不完全相符，不能体现柱架的摇摆特性，导致榫卯节点更易产生塑性变形和破坏，增加了节点的耗能。

（2）斗拱层

从以上对斗拱层的层间位移分析可知，斗拱层本身侧移较小，并同时受转动和层间滑移的影响，其位移变化与水平位移幅值没有明显的相关性，同一竖向荷载下，各级循环的滞回环相互重叠，不易区分，因而以其中一个典型的滞回环说明斗拱层的滞回特性，如图 5-2 所示（以 FT-L3 中的循环

7 为例）。所得到的斗拱层滞回环均呈狭窄的梭形，表现出很弱的耗能能力。从该滞回环可以看出，加载过程中，斗拱层的荷载和位移始终呈线性关系；卸载过程中，除初始卸载段，荷载和位移也呈线性，表明斗拱一直处于弹性变形状态。此外，从三次测试结果来看，斗拱层的滞回环形状不随木构架的加载幅值以及竖向荷载的变化而变化，表明在本次测试范围内，斗拱层均不会产生屈服，反映出斗拱层刚度大、整体性好的性质。

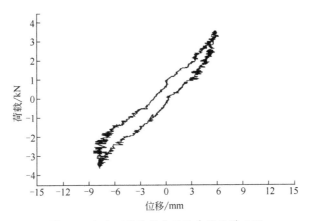

图 5-2　初次测试阶段典型的斗拱层滞回环

本次测试中斗拱层在整体木构架中表现出的性质与其他单独对斗拱节点的测试[71-77]明显不同。单独对斗拱节点进行水平反复加载测试时，可以对节点施加较大的水平荷载，使节点达到预定的水平位移，这种情况下，斗拱各构件间会产生较大的相对滑移，并且构件将产生明显的塑性变形，甚至失效破坏，节点的耗能也因此大幅度提高。然而，对整体木构架进行测试时，斗拱层与柱架层需协同工作，作用于斗拱层和柱架层的水平荷载相同，但斗拱层的水平承载力远高于柱架层，在这种情况下，当柱架层已经屈服，甚至接近倾覆时，斗拱层仍处于弹性状态，不能发挥出其耗能减震的潜能。

5.1.2　柱架层骨架曲线

由于斗拱层始终处于弹性状态，并且层间位移较小，其骨架曲线为一段较短的直线段，无法反映斗拱层的承载能力或变形能力，本部分仅讨论柱架层的骨架曲线。

如图 5-3 所示，FT-L1、FT-L2 和 FT-L3 三次测试中柱架层的骨架曲线

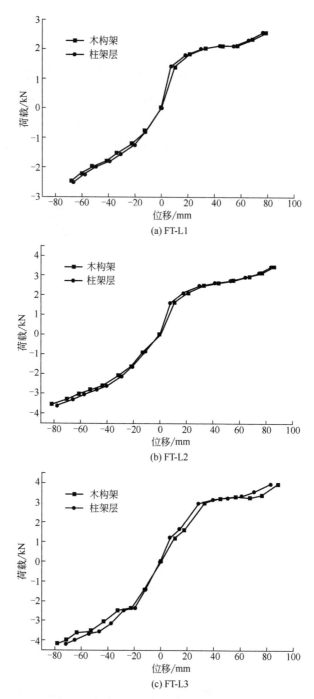

(a) FT-L1

(b) FT-L2

(c) FT-L3

图 5-3　柱架层和整体木构架骨架曲线对比

　古建筑木结构抗震机理研究

与整体木构架骨架曲线接近重合，柱架层同样表现出较好的水平变形能力，并且在较大的水平位移下，曲线也没有出现下降段，表明柱架层在大变形下还有一定的承载能力。从图中可以看出，柱架层屈服与木构架屈服几乎同时出现，说明整体结构屈服主要是由柱架层屈服导致，而柱架层柱脚节点以及榫卯节点的变形是导致柱架层及整体结构屈服的主要原因。屈服点过后，木构架的承载性能仍由柱架层决定，结构的极限位移和极限荷载均与柱架层接近。FT-L3 测试中，柱架层和木构架骨架曲线差异较其他两次测试明显，主要是由于在此次测试中，斗拱层产生了相对较大的层间变形。

对于此类木结构，柱架层的承载和变形能力至关重要，柱架层的屈服点和极限点可用于评价整体结构的承载性能。然而，整体木构架测试中，无法获得斗拱层的屈服点和极限点，而单独对斗拱层测试得到的特征参数也不能直接用于整体结构的评价。

5.1.3　柱架层和斗拱层刚度

由于木构架的变形主要集中于柱架层，因而，从图 5-4 可以看出，柱架层刚度与整体结构刚度相近，且随水平位移幅值及竖向荷载有相同的变化趋势。然而，由于作用于柱架层和整体结构的水平荷载相同，但柱架层水平位移比木构架位移小，因而计算得到的柱架层刚度略大于整体结构刚度。

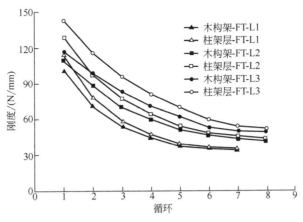

图 5-4　柱架层和木构架刚度对比

从图中可以看出，每级竖向荷载下的循环 1 测试中，柱架层和整体结构刚度差异最大，主要是由于木构架变形较小时，斗拱层的水平变形占有相当的比例，导致柱架层和整体结构水平位移相差较大，因而产生较大的刚度差异；随着水平位移增大，柱架层表现出更显著的刚度退化，其与整体结构刚度的差异也逐渐减小，主要是随着结构变形增大，柱架层位移越来越接近整体结构位移；三次测试中的最后一级循环，柱架层刚度曲线与木构架刚度曲线基本重合，该现象反映出当木构架产生较大的水平侧移时，结构刚度近似等于柱架层刚度。此外，随着竖向荷载的增大，由上文分析可知斗拱层分担的水平位移量增大，从而导致柱架层和木构架刚度差异明显增大。

图 5-5 为三次测试中斗拱层刚度与木构架水平位移幅值的关系。从循环 1 至循环 8，木构架水平位移持续增大，但斗拱层刚度并没有明显上升或者退化。同一竖向荷载下，斗拱层刚度虽然有不规律的上下波动，但变化幅度不大，并整体上趋近于一固定值（如图中虚线所示），该固定值即为该级竖向荷载下的斗拱层弹性刚度。FT-L1、FT-L2 和 FT-L3 测试中斗拱层的刚度分别为 328.9N/mm、415.6N/mm 和 542.3N/mm（以每次测试中各循环的平均值表示），可见，斗拱层的刚度远大于柱架层。此外，随着竖向荷载增大，斗拱层刚度也有一定的增大，但与竖向荷载没有明显的线性关系。

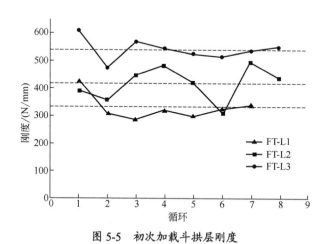

图 5-5　初次加载斗拱层刚度

从以上分析可以看出，由于斗拱层刚度远大于木构架刚度，以斗拱层的刚度衡量此类木结构抵抗变形的能力是非常不安全的。柱架层刚度虽大于木构架刚度，但在较大的变形下，两者的差异很小，尤其在结构达到水平极限状态时，为便于分析，以柱架层刚度代替整体木结构刚度是可行的。

5.1.4 柱架层和斗拱层耗能

图5-6为FT-L1、FT-L2和FT-L3测试中整体结构耗能随水平位移幅值的变化曲线。从图中可以看出，三次测试中随着位移幅值增大，木构架耗能均基本呈线性增长，说明随着水平位移增大，构件塑性变形及构件间相对滑移变大，增大了结构的摩擦耗能和塑性耗能。随着竖向荷载的增加，相同水平位移下的水平外荷载增大，从而增大了各构件间的相互挤压力，构件的塑性变形及耗能随之增大。

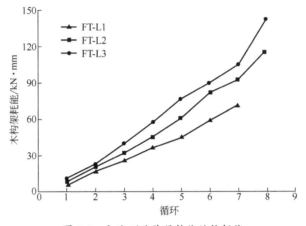

图 5-6 初次测试阶段整体结构耗能

整体结构耗能为柱架层和斗拱层耗能的总和，由柱架层的滞回曲线可得到柱架层的滞回耗能，斗拱层耗能可用整体结构耗能减去柱架层耗能得到。图5-7为分别计算的三次测试中柱架层和斗拱层的耗能。从图中可看出，随着水平位移幅值增大，柱架层和斗拱层耗能均基本呈线性增长，但柱架层增长的幅度远大于斗拱层，主要是由于构件的塑性变形以及摩擦滑移均主要产生于柱架层的榫卯节点区域，而斗拱层各构件始终处于弹性变形状态，基本无塑性变形耗能，而其层间较小的相对滑移量，也导致其摩擦耗能较小，且随水平位移幅值增长较慢。随着竖向荷载增大，柱架层和斗拱层耗能均呈增大的趋势，但同样斗拱层增长的幅度远小于柱架层。

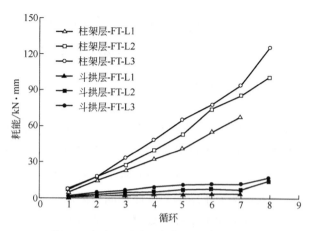

图 5-7　初次测试阶段柱架层和斗拱层耗能

表 5-1 为 FT-L1、FT-L2 和 FT-L3 三次测试的各级循环中，斗拱层耗能和柱架层耗能占木构架耗能的比例。三次测试中斗拱层耗能占总耗能的比例为分别为 5.2%～12.1%、7.9%～17.3%、11.3%～20.7%；柱架层占比分别为 87.9%～94.8%、82.7%～92.1%、79.3%～88.7%。从循环 1 至循环 7，随着水平位移幅值增大，斗拱层占比均呈减小的趋势，柱架层占比相应增大，说明在此阶段内，随着位移幅值增大，虽然斗拱的层间滑移增加了其耗能，但由于相对滑移较小，耗能提升有限。在循环 8 中，斗拱层产生相对滑移的构件增多，摩擦耗能增大，其耗能占比有小幅提升。随着竖向荷载增大，斗拱层耗能占比增大，柱架层占比相应减小，该现象说明较大的竖向荷载更有利于斗拱层发挥其耗能性能。然而，整个测试过程中，柱架层耗能占比基本都在 80% 以上，对结构耗能起决定性作用。

※ 表 5-1　初次测试阶段柱架层和斗拱层耗能占比　　　　单位：%

结构层	测试	C1	C2	C3	C4	C5	C6	C7	C8
斗拱层	FT-L1	12.1	12.0	9.8	9.2	7.6	6.1	5.2	—
	FT-L2	17.3	14.7	14.2	11.8	11.4	9.2	7.9	12.7
	FT-L3	20.7	19.3	17.1	16.0	14.3	12.9	11.3	11.8
柱架层	FT-L1	87.9	88.0	90.2	90.8	92.4	93.9	94.8	—
	FT-L2	82.7	85.3	85.8	88.2	88.6	90.8	92.1	87.3
	FT-L3	79.3	80.7	82.9	84.0	85.7	87.1	88.7	88.2

以往的研究认为传统木结构抗震性能良好主要原因是其具有较好的耗能性能，而斗拱节点因为具有较多的摩擦面和木构件，往往被认为是木结构耗能的关键部件，众多研究也表明了斗拱节点具有良好的耗能潜力。然而，本次研究表明，此类木结构并不主要通过耗能来抗震，其耗散的能量并不多，在这些被结构耗散的能量当中，也仅有很少一部分（不足20%）的耗能来自斗拱层，斗拱层更多起着传递荷载及保证结构整体稳定的作用。反而柱架层的耗能应当引起足够的重视，柱架层也因消耗更多的能量易产生塑性损伤，尤其是在榫卯节点区域，木结构的维修加固也应当特别注意这些区域。

5.2　重复测试阶段柱架层和斗拱层滞回性能变化

5.2.1　柱架层和斗拱层滞回曲线变化

图 5-8 为六次测试中的柱架层滞回曲线，从图中可以看出 ST-L1、ST-L2 和 ST-L3 测试中，柱架层滞回曲线仍呈不饱满的 S 形，曲线整体变化趋势与初次加载测试相同。对比 FT-L1 和 ST-L1 两组曲线可以看出，重复加载导致曲线在弹性阶段的斜率明显降低，表明柱架层的刚度和承载力下降。此外，强化点之后 ST-L1 曲线上升幅度明显减小，该现象主要是由于其间的加载历程导致柱架层的榫卯节点接触区域产生较多的塑性变形，节点产生松动，导致其抵抗弯矩下降。对比 FT-L2 和 ST-L2 两组曲线可以看出，重复加载导致柱架层的滞回曲线更加不饱满，耗能量进一步下降。而 FT-L3 和 ST-L3 两次测试间无其他加载历程的影响，柱架层的滞回性能变化较小，从图 5-8（c）也可看出，两组曲线无论在加载过程中还是卸载过程中均几乎重合。

与初次测试相似，ST-L1、ST-L2 和 ST-L3 各次测试中的斗拱层滞回环也相互重叠在一起，滞回环随竖向荷载及水平位移幅值均无明显的变化规律。图 5-9 为 FT-L3 和 ST-L3 循环 7 测试中得到的斗拱层滞回环。由于斗拱层在整个测试过程中都处于弹性变形状态，构件间仅有少量的相互错动，构件本身无塑性损伤，因而从图中可以看出，两次测试斗拱层滞回环基本重合，斗拱层的刚度和承载能力均无显著改变。该现象表明，即使遭遇多次水平荷载作用，木构架中斗拱层的承载性能也不会明显降低，并且斗拱层各构件也不易产生损伤。因而现存木结构中斗拱的破坏多为除地震、大风等水平荷载作用以外的其他作用影响，如长期荷载作用下的徐变、干湿交替、虫蛀、环境腐蚀等。

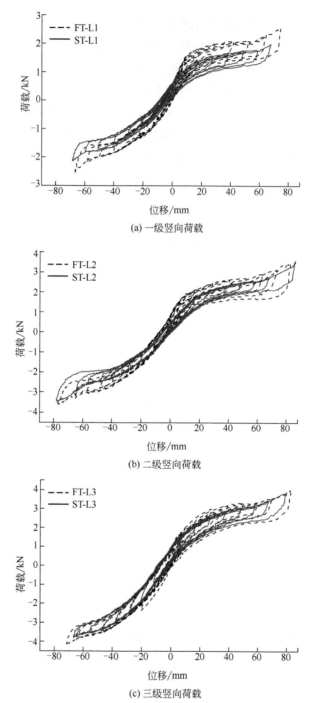

(a) 一级竖向荷载

(b) 二级竖向荷载

(c) 三级竖向荷载

图 5-8　六次测试中柱架层滞回曲线

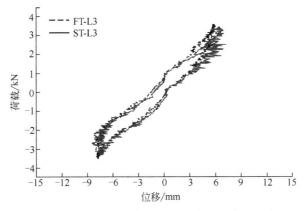

图 5-9　初次测试和重复测试阶段斗拱层滞回环对比

5.2.2　柱架层骨架曲线变化

从图 5-10 六次测试得到的柱架层骨架曲线可以看出，重复加载不影响骨架曲线的变化趋势，并且在 ST-L1、ST-L2 和 ST-L3 测试中，骨架曲线也没有出现下降段，说明即使经历多次加载历程，柱架层在大变形条件下仍具有一定的承载能力，该特性对木构架抗倾覆有重要作用。

同一竖向荷载下的两次测试中柱架层的骨架曲线虽然变化趋势相似，但由于经历多次加载历程，柱架层的承载力和刚度也产生了不同程度的变化。由于柱架层的水平荷载与木构架水平荷载相同，因而柱架层承载力下降幅度与前文中木构架下降幅度相同，从 FT-L1 到 ST-L1、FT-L2 到 ST-L2、FT-L3 到 ST-L3，柱架层承载力分别下降了 21.8%、14.2%、4.9%。可见，柱架层承载力下降也与加载历程明显相关，随着加载次数增多，柱架层的榫卯节点区域累积较多的塑性变形，降低了单个构件的承载力及节点的紧密度，从而降低了柱架层的承载能力。

对比重复加载下柱架层骨架曲线的变化与整体木构架骨架曲线的变化可以看出，两者的变化特征完全相同，由此也说明了木构架承载能力的下降主要是由柱架层承载能力降低导致。本次测试表明，柱架层承载能力下降会直接导致整体结构承载力下降，而斗拱层由于其承载力较高，即使其中有个别构件产生损伤甚至失效，也不会对整体结构造成明显的影响，只有当斗拱层损伤或构件失效达到一定程度，导致其水平承载力降至柱架层承载力以下，才会对整体结构产生显著影响。

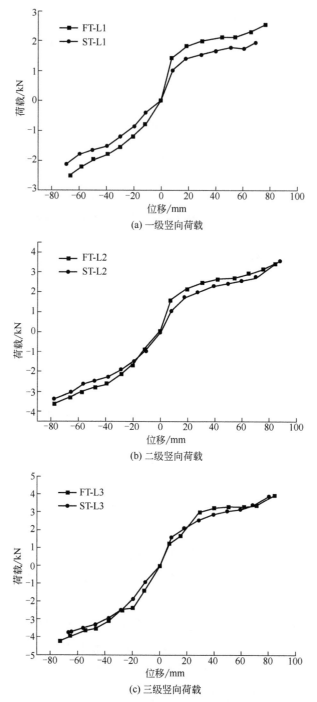

(a) 一级竖向荷载

(b) 二级竖向荷载

(c) 三级竖向荷载

图 5-10 六次测试柱架层骨架曲线

5.2.3 柱架层和斗拱层刚度变化

从图 5-11 六次测试中柱架层的刚度曲线可以看出，ST-L1、ST-L2 和 ST-L3 三次测试得到的柱架层刚度随水平位移幅值的变化趋势与 FT-L1、FT-L2 和 FT-L3 测试结果相同，即随着水平位移幅值增大，柱架层刚度出现明显下降，但刚度降低的速率逐渐减慢。此外，随着竖向增大，柱架层刚度显著增大。产生该现象是由于柱架层刚度变化主要由构件间接触面以及柱脚与基础接触面的变化导致，重复加载不会从本质上改变柱架层的变形特征，因而刚度随水平位移变化趋势不变。

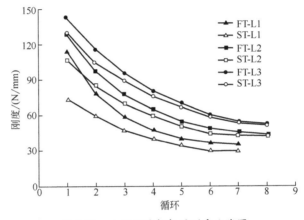

图 5-11　六次测试柱架层刚度曲线图

对于同一竖向荷载下的两次测试，当柱架层产生相同的水平位移时，第二次水平加载对应的刚度均变小，主要是由多次加载导致的柱架层节点松动及构件累积塑性变形所致。从图 5-12 可以看出，从 FT-L1 到 ST-L1、FT-L2 到 ST-L2、FT-L3 到 ST-L3，柱架层刚度下降幅度从一级循环测试中的35.2%、17.7%和8.6%，变为最后一级循环测试时的 16.8%、3.6%和1.7%，水平加载初期的降低幅度远大于较大水平位移幅值时的降低幅度，说明随着水平位移幅值增大，重复加载对柱架层刚度影响减弱。此外，从 FT-L1 到 ST-L1 柱架层刚度下降最为显著，主要是由于在这两次测试之间柱架层经历了更多次的测试，导致柱架层残留较多的损伤。由以上特征可看出，重复加载下柱架层刚度变化与整体木构架刚度变化具有相同的特征，并且两者刚度下降幅度接近，这说明柱架层刚度下降是导致木构架刚度下降的主要原因。

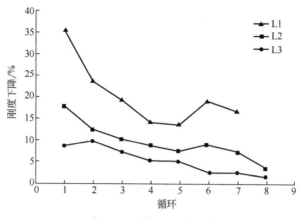

图 5-12　柱架层刚度下降

　　图 5-13 表明，ST-L1、ST-L2 和 ST-L3 三次测试中，斗拱层刚度随水平位移幅值增大仍无明显的退化。同一竖向荷载下斗拱层刚度仍趋近于一固定值，充分反映了斗拱层的弹性变形特征。ST-L1、ST-L2 和 ST-L3 测试中斗拱层的平均刚度分别为 290.1N/mm、394.0N/mm 和 511.2N/mm，相较于 FT-L1、FT-L2 和 FT-L3，其值分别下降了 11.8%、5.2%和 5.7%。可见，斗拱层的刚度变化较小，主要是由于斗拱层各构件没有产生明显的塑性变形，斗拱节点没有明显松动，而构件间多次相对滑动造成的摩擦面变化是该刚度降低的主要原因。此外也可以看出，从 FT-L1 到 ST-L1 斗拱层刚度下降相对较大，说明斗拱层经历的加载历程越多，构件间接触面的性状改变越显著（主要体现为摩擦系数的下降），斗拱层刚度降低越明显。

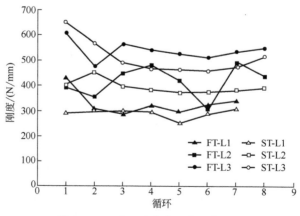

图 5-13　六次测试中斗拱层刚度曲线

　古建筑木结构抗震机理研究

5.2.4 柱架层和斗拱层耗能变化

六次测试中柱架层耗能如图 5-14 所示，可见虽然柱架层经历了较多的加载历程，但在 ST-L1、ST-L2 和 ST-L3 测试中，柱架层耗能随水平位移幅值及竖向荷载增大而增加的趋势没有改变。对比同一竖向荷载下的两次测试可以看出，重复加载导致柱架层耗能明显降低，主要是由于柱架层的构件累积了较多的塑性变形，降低了构件的耗能能力。

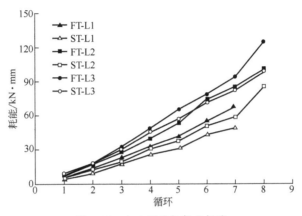

图 5-14　六次测试柱架层耗能

从图 5-15 可以看出，随着水平位移幅值增大，ST-L1、ST-L2 和 ST-L3 测试中斗拱层耗能整体也呈增大的趋势，但其耗能量相对于柱架层仍较低，说明斗拱层的摩擦耗能量仍然不大。随着竖向荷载增大，斗拱层各构件间摩擦力增大，产生相同滑移时的摩擦耗能增多。然而，对比 FT-L1 和 ST-L1、FT-L2 和 ST-L2、FT-L3 和 ST-L3 可以看出，重复加载并没有导致斗拱层的耗能下降，甚至 ST-L1 测试斗拱层耗能比 FT-L1 测试还略有增大。产生该现象主要是由于斗拱层在经历多次加载历程后并无塑性变形累积，虽然构件间相对滑移会导致摩擦面变化，但由于滑移量较小，摩擦面变化并不显著，因而斗拱层耗能能力并没有显著改变；当再次施加水平外荷载，若斗拱层相对滑移量不变，其耗能量就不产生明显变化，而如果相对滑移量增大，其耗能量反而会增大。对比 FT-L1 和 ST-L1 两次测试，后者的斗拱层层间位移明显比前者更大，因而产生了更多的耗能。

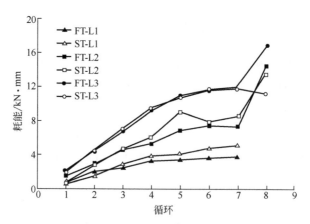

图 5-15　六次测试斗拱层耗能

表 5-2 为 ST-L1、ST-L2 和 ST-L3 三次测试的各级循环中，斗拱层耗能
和柱架层耗能占木构架总耗能的比例。三次测试中斗拱层耗能占总耗能的
比例为分别为 9.4%～15.0%、11.2%～19.4%、10.2%～17.3%；柱架层占比
分别为 85.0%～90.6%、80.6%～88.8%、80.2%～89.8%。ST-L1 和 ST-L3 测
试中，随着水平位移幅值增大，斗拱层占比均呈减小的趋势，柱架层占比
相应增大，而在 ST-L2 测试中，该规律并不明显，但也可看出当水平位移
幅值较大时，斗拱层耗能占比更小。从 ST-L1 至 ST-L3，随着竖向荷载增
大，斗拱层耗能占比呈增大的趋势，但比从 FT-L1 至 FT-L3 提升幅度小。
与 FT-L1、FT-L2 和 FT-L3 三次测试相比，ST-L1 和 ST-L2 测试中斗拱层耗
能占比变大，柱架层耗能占比减小，而 ST-L3 测试中各结构层耗能占比基
本保持不变。该现象说明随着木构架经历更多的加载历程，斗拱层对整体
结构耗能的贡献有一定的提升，主要是由于柱架层在重复加载下容易产生
损伤，耗能性能减弱，而斗拱层受重复加载的影响较小。

※ 表 5-2　重复测试阶段柱架层和斗拱层耗能占比

结构层	测试	C1	C2	C3	C4	C5	C6	C7	C8
斗拱层	ST-L1	15.0	13.1	13.9	13.1	11.5	10.0	9.4	—
	ST-L2	11.2	18.2	18.9	16.3	19.4	13.4	12.5	13.6
	ST-L3	17.3	19.8	18.9	17.3	15.7	14.0	12.5	10.2
柱架层	ST-L1	85.0	86.9	86.1	86.9	88.5	90.0	90.6	—
	ST-L2	88.8	81.8	81.1	83.7	80.6	86.6	87.5	86.4
	ST-L3	82.7	80.2	81.1	82.7	84.3	86.0	87.5	89.8

虽然经过多次加载历程后，斗拱层耗能占比有一定的提升，但木构架
本身的耗能机制并未改变，斗拱层仍处于弹性变形状态，依靠构件间微小

的相对滑移耗能。从表 5-2 也可看出，柱架层耗能占比仍维持在 80% 以上，对结构耗能仍起到决定性作用。

5.3 木构架恢复力理论计算

5.3.1 木构架中弯矩平衡关系

由斗拱层和柱架层的滞回特性可以看出，木构架的恢复力主要来自柱架层，其恢复力一部分由柱的摇摆提供，另一部分由榫卯节点的弯矩抵抗力提供。本部分参照之前学者们对木构架柱恢复力及榫卯节点弯矩抵抗力的理论分析成果，并结合本次测试所采用的木构架模型的具体特征，对整体木构架的恢复力进行了理论计算与分析。

水平荷载作用下，木构架中的弯矩平衡关系可用式（5-1）表示。由 M_c/H 计算得到的荷载代表柱摇摆产生的恢复力，而由 M_{hb}/H 计算得到的荷载表示来自榫卯节点的恢复力。如果确定了柱顶、柱底及榫卯节点的弯矩 M_{tc}、M_{bc} 和 M_{hb}，则根据该弯矩平衡关系式，可以计算得到木构架的理论恢复力 F（图 5-16）。

$$FH = M_{tc} + M_{bc} + M_{hb} \qquad (5-1)$$

式中　F——施加于木构架模型的水平外荷载；

M_{tc}，M_{bc}——柱顶和柱底的弯矩，$M_c = M_{tc} + M_{bc}$；

　　M_c——柱摇摆产生的总弯矩；

　　M_{hb}——所有榫卯节点的弯矩总和。

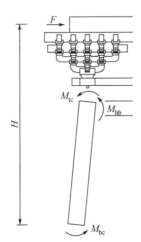

图 5-16　木构架中的弯矩平衡关系

5.3.2 柱摇摆恢复力

木构架未受载时，柱顶和柱底均为均匀受压，竖向荷载作用线通过柱的中心，木构架柱处于稳定状态。当柱顶作用水平荷载后，柱顶和柱底竖向荷载作用点均向受压面边缘转移，如图 5-17 所示，当竖向荷载相对于柱脚支点产生的力矩方向与外水平荷载所产生的力矩方向相反时，竖向荷载均提供恢复力矩。由柱摇摆产生的恢复力采用 Maeno 等[106]提出的摇摆柱分析模型，柱顶和柱底的总弯矩由式（5-2）计算。

$$M_c = M_{tc} + M_{bc} = Ph = \beta DW \tag{5-2}$$

式中 P——作用于柱顶的水平外荷载；

h——柱的高度；

D——柱的直径；

W——施加于柱顶的竖向荷载；

β——与 δ 有关的系数，δ 为柱顶的水平位移，β 与 δ/D 的关系列于表 5-3。

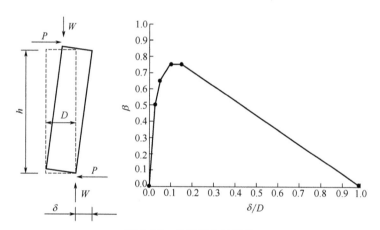

图 5-17　柱摇摆分析模型

※ 表5-3　β 与 δ/D 的关系

δ/D	0	0.025	0.05	0.1	0.15	1
β	0	0.5	0.65	0.75	0.75	0

由式（5-2）和表 5-3 可知，当 δ/D 达到 0.1 时，柱摇摆产生的柱顶和柱底的总弯矩达到其峰值 0.75DW。该峰值弯矩随着竖向荷载 W 的增加而线性增加，因而按该式计算得到的柱的恢复力与竖向荷载 W 也为线性关系。但事

实上，随着竖向荷载的增加，柱顶和普拍枋之间的嵌压变形增加，导致竖向荷载 W 的作用点向柱顶截面中心偏移，竖向荷载的力臂减小，因而由柱摇摆提供的弯矩随之减小。因此，由柱摇摆引起的恢复力的峰值与竖向荷载的比率随着竖向荷载的增加而减小，Suzuki 和 Maeno[104]的研究成果也证实了这一点。此外，考虑到木材受压变形特征，即木材的压缩变形在初始加载阶段迅速发展，而随着塑性变形的累积，木材受压承载能力显著增加，压缩变形的发展逐渐变得缓慢，因而可认为二级和三级竖向荷载下柱顶和普拍枋之间的嵌压变形相同，也就是说从二级竖向荷载至三级竖向荷载，柱摇摆产生的峰值弯矩随着竖向荷载 W 的增加而线性增加。二级和三级竖向荷载测试中柱顶部和底部的弯矩由式（5-3）计算，系数 0.8 是根据本次测试的试验结果提出的建议值。不同竖向荷载下，柱摇摆提供的恢复力随水平位移变化如图 5-18 所示。

$$M_c = M_{tc} + M_{bc} = Ph = 0.8\beta DW \tag{5-3}$$

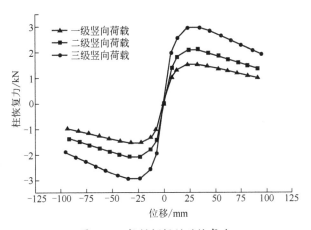

图 5-18　柱摇摆提供的恢复力

5.3.3　榫卯节点恢复力

榫卯节点弯矩根据 Chen 等[44]建立的燕尾榫节点的弯矩-转角理论力学模型计算。其力学模型由起始点、屈服点、峰值点和极限点四个特征点表征。起始点对应于起始转角 θ_b，即克服榫头和卯口间的初始缝隙节点需转动的角度；屈服点对应屈服转角 θ_y，即榫侧木材出现屈服时节点的转动角度；峰值点和极限点分别对应峰值转角 θ_p 和极限转角 θ_u。θ_b、θ_y、θ_p 和 θ_u 分别根据式（5-4）~式（5-7）计算。

$$\theta_b = \frac{-h + \sqrt{h^2 + 2la'\cot\beta}}{l} \qquad (5\text{-}4)$$

$$\theta_y = \frac{-h + \sqrt{h^2 + 2l\left[a' + \frac{(a+b)f_{c,T}}{E_{c,T}}\right]\cot\beta}}{l} \qquad (5\text{-}5)$$

$$\theta_p = \sqrt{\frac{(a+b)f_{c,T}\,l}{E_{c,T}\tan\beta h^2}} \qquad (5\text{-}6)$$

$$\theta_u = \tan^{-1} l/h \qquad (5\text{-}7)$$

式中　$E_{c,T}$——木材横纹抗压弹性模量；

　　　$f_{c,T}$——木材横纹抗压强度。

其余参数如图 5-19 所示。

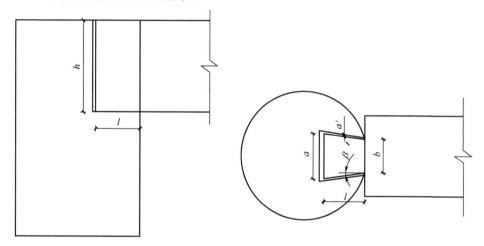

图 5-19　燕尾榫节点尺寸

　　表 5-4 中列出了计算榫卯节点恢复力的各参数，将表中各参数代入以上公式得 θ_y、θ_p 和 θ_u 分别为 0.121、0.187 和 0.321。本次测试中，由柱顶的水平位移可计算得到梁柱节点的最大相对转角约 0.06，说明节点没有进入屈服。因此，按式（5-8）~式（5-10）计算榫卯节点的弯矩，其中 μ 为木材摩擦系数，进而求得节点的恢复力（M_{hb}/H）。图 5-20 为计算得到的榫卯节点恢复力与水平位移幅值的关系。

$$M_y = \frac{4\mu E_{c,T}(l - 0.5h\theta_y)h^2 k_1}{a+b}\frac{4k_1}{4k_1+a'}\left[1 - \frac{4k_1}{3(4k_1+a')}\right] \qquad (5\text{-}8)$$

$$k_1 = \left[\left(0.5l\theta^2 + h\theta \right) \tan\beta - a' \right]/4 \qquad (5\text{-}9)$$

$$M_{hb} = \frac{\theta}{\theta_y} M_y = \frac{\delta}{\theta_y h} M_y \qquad (5\text{-}10)$$

✳ 表5-4　榫卯节点恢复力计算参数

参数	h	l	a	b	a'	$E_{c,T}$	$f_{c,T}$	$\tan\beta$	$\cot\beta$	μ
取值	162	54	65	54	0.5	377	5.4	0.1	10	0.35

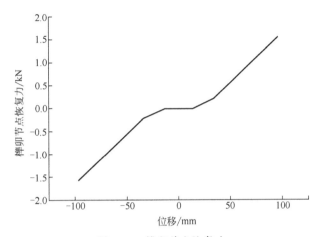

图 5-20　榫卯节点恢复力

5.3.4　木构架恢复力

由计算得到的柱摇摆和榫卯节点提供的弯矩，根据式（5-1）可得到木构架的总恢复力。图5-21为三级竖向荷载下的理论计算结果与FT-L1、FT-L2和 FT-L3 测试结果的对比。可以看出，一级竖向荷载下的木构架恢复力理论计算值与试验结果能较好地吻合，尤其是正方向加载过程中，理论计算结果完全可用于预测木构架加载过程中的恢复力变化，也表明基于柱摇摆的此类木构架恢复力的计算是正确可行的。随着竖向荷载的增大，理论计算结果与试验曲线的差异虽然有所增大，但也可以看出，正向加载过程中两曲线的变化趋势仍是一致的。然而，在理论计算得到的木构架恢复力曲线并不能很好地反映大位移情况下，木构架承载力小幅上升的特征，即弱化了榫卯节点弯矩抵抗力的作用。

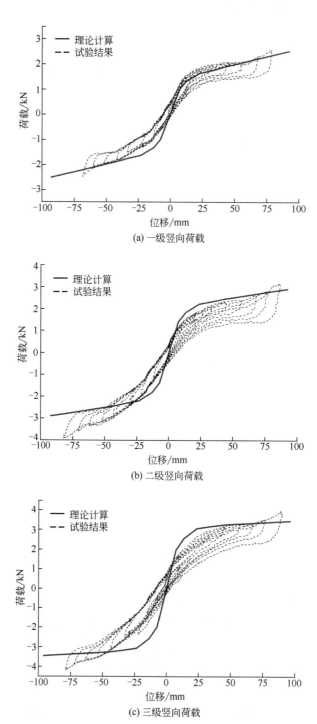

(a) 一级竖向荷载

(b) 二级竖向荷载

(c) 三级竖向荷载

图 5-21 理论恢复力与试验曲线对比

6

基于能量的木构架抗震机理分析

6.1 木构架中的能量关系

6.1.1 地震过程中结构中的能量

结构在遭遇水平地震作用过程中，输入到结构中的能量一部分以弹性应变能和动能的形式储存于结构中，另一部分通过结构的阻尼和结构构件的非弹性变形被消耗。地震中任一时刻，结构中的能量存在以下平衡关系[130,131]：

$$E_I = E_K + E_E + E_\xi + E_H \tag{6-1}$$

$$E_I = \int_0^u m\ddot{u}_g \mathrm{d}u \tag{6-2}$$

$$E_K = \int_0^u m\ddot{u}\mathrm{d}u = \int_0^u m\dot{u}\mathrm{d}\dot{u} = \frac{m\dot{u}^2}{2} \tag{6-3}$$

$$E_E = \frac{[f_s]^2}{2k} \tag{6-4}$$

$$E_\xi = \int_0^u f_\xi \mathrm{d}u = \int_0^u c\dot{u}\mathrm{d}u \tag{6-5}$$

式中　E_I——地震输入到结构中的总能量；

$\quad\quad m$——结构质量；

$\quad\quad u$——结构位移；

$\quad\quad \ddot{u}_g$——地面加速度；

$\quad\quad E_K$——储存于结构中的动能，动能与结构的质量及结构的运动速度相关，在地震过程中，动能仅参与结构能量的转化，结构开始振动和结束振动时动能均为零；

$\quad\quad \dot{u}$——结构运动速度；

$\quad\quad E_E$——结构构件发生弹性变形所储存的弹性应变能；

$\quad\quad f_s$——弹性抗力；

$\quad\quad k$——非弹性体系的初始刚度；

$\quad\quad E_\xi$——结构的阻尼耗能，表征结构在运动过程中阻尼所做的功；

$\quad\quad f_\xi$——阻尼力；

c——阻尼系数。

滞回耗能 E_H 和弹性应变能 E_E 的总和是结构运动过程中恢复力所做的功，因而结构的滞回耗能可由式（6-6）计算，式中 $f_s(u,\dot{u})$ 为弹塑性体系的恢复力。

$$E_H = \int_0^u f_s(u,\dot{u})\mathrm{d}u - E_E \qquad (6\text{-}6)$$

6.1.2 拟静力测试中木构架中的能量平衡方程

从本次研究对木构架进行的六次拟静力测试可以看出，木构架耗能能力较弱，其耗能量占水平外荷载输入结构能量的比例较小，因而耗能不是此类木结构抗震的主要途径。而前文的分析表明，水平荷载作用下，柱架层的摇摆使木构架产生微小的竖向运动，虽然结构的竖向位移量不大，但由于木构架屋顶质量较大，即使较小的竖向抬升，所产生的重力势能也很显著。因而在加载过程中，部分输入木构架的能量可以通过结构的竖向抬升运动转化为重力势能而储存；在卸载过程中，结构在所储存的重力势能和弹性应变能作用下可自恢复至平衡位置附近，同时这些储存的能量得到释放。此外，由式（6-3）和式（6-5）可以看出，动能 E_K 和阻尼耗能 E_ξ 均是与结构运动速度相关的，拟静力测试中，由于加载速率足够慢，结构在整个测试过程中运动速度均接近于零，这两部分能量在本次研究中均可忽略。综上，拟静力测试中，木构架中的能量平衡方程应当表达为：

$$E_I = E_H + E_E + E_G \qquad (6\text{-}7)$$

式中　E_I——水平外荷载输入木构架的总能量；

　　　E_H——结构通过木构件间摩擦和塑性变形所消耗的能量，即结构的滞回耗能；

　　　E_G——结构由竖向抬升而储存的重力势能；

　　　E_E——木构件发生弹性变形时所储存的弹性应变能。

E_G 和 E_E 均为储存于木构架中的能量，两者之和用 E_R 表示，该部分能量会随着木构架变形的恢复而释放。对于一个典型的循环测试，各部分能量如图 6-1 所示，图中"+"和"-"分别表示向东加载和向西加载。

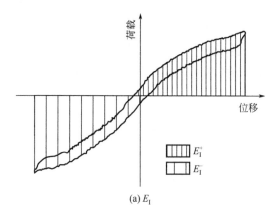

(a) E_I

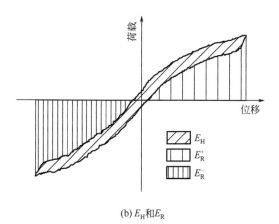

(b) E_H和E_R

图 6-1　木构架各能量

6.1.3　各能量计算方法

水平荷载输入木构架的总能量 E_I 可用水平荷载所做的功表示。如图 6-1(a) 所示，对于任一循环测试，水平荷载做的功用加载曲线和水平轴所围成的面积表示。本章采用 Origin 软件中自带的数据积分功能，分别求得向东和向西加载过程中加载轨迹曲线与水平轴所围成的面积，即 E_I^+ 和 E_I^-，两者之和为该级循环测试外荷载总输入能量。

滞回耗能 E_H 是木构架摩擦耗能和塑性耗能的总和，其大小可以用每级循环加载曲线和卸载曲线所围成的面积表示，如图 6-1(b) 所示。滞回耗能同样采用 Origin 软件中自带的数据积分功能计算。

重力势能的产生是由于木构架的竖向抬升，尤其是质量较大的屋顶的抬升。该部分能量与木构架竖向位移量以及所施加的竖向荷载大小密切相关。每级循环中的重力势能 E_G 按式（6-8）计算：

$$E_G = Mg\left(\Delta h^+ + \Delta h^-\right) = 2Mg\Delta\overline{h} \qquad (6\text{-}8)$$

式中　M——木构架（包括混凝土板和所有木构件）质量；

Δh^+，Δh^-——每级循环向东和向西加载至最大水平位移处木构架竖向抬升量；

$\Delta\overline{h}$——东西向竖向抬升的平均值，即图 3-17 所示的木构架竖向位移。

弹性应变能为木构件弹性变形所储存的能量。虽然木材弹性模量较低，单个构件可储存的弹性应变能较小，但木构架中构件繁多，尤其是斗拱节点，包含各种大大小小的木构件，本次测试中木构架中大部分构件处于弹性变形状态，其弹性应变能总和不能忽略。由式（6-4）可知，木构架中总的弹性应变能可表示为：

$$E_E = \sum \frac{\left[f_{si}\right]^2}{2k_i} \qquad (6\text{-}9)$$

式中　f_{si}，k_i——任一木构件的弹性抗力和刚度。

然而，试验过程中准确地测得每个构件的内力是不可行的，因而根据式（6-7）用总能量减去滞回耗能和重力势能计算得到总的弹性应变能。

6.2　初次测试阶段木构架中各能量分析

6.2.1　总输入能量

FT-L1、FT-L2 和 FT-L3 三次测试中水平荷载输入木构架的总能量如图 6-2 所示。从图中可以看出，随着水平位移增大，总输入能量明显增大。三级循环之前，总输入能量增长速率相对于三级循环之后更快，主要是由于此阶段水平外荷载处于持续增长的阶段；而三级循环之后，水平外荷增长较为缓慢，荷载-位移曲线较为平缓，总输入能量与水平位移呈线性关系。

对比三条曲线可以看出，随着竖向荷载增大，输入结构的能量明显增加，主要是由相同水平位移下的水平外荷载增大导致。该现象表明，当遭遇地震时，屋顶重量较大的木结构将吸收更多的地震能量，木构件可能产生更多的破坏。此外，还可看出，结构水平位移较小时，竖向荷载引起的

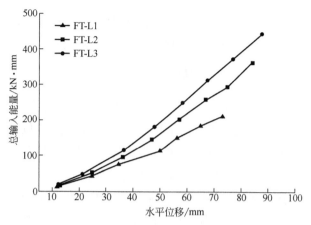

图 6-2　初次测试阶段总输入能量

总输入能量增加较少，随着水平位移增大，不同竖向荷载下的总输入能量差异明显增大。因而，在遭遇小震作用时（木结构振动幅度小于 20mm），可以忽略竖向荷载对地震输入能量的影响；而遭遇大震作用时，必须考虑竖向荷载引起的总输入能量增加。

6.2.2　滞回耗能

如图 6-3 所示，随着水平位移增大，由于构件的塑性变形及构件间相互错动变大，滞回耗能增大；竖向荷载的增大增加了构件的塑性变形以及接触面的摩擦力，增大了木构架的耗能。

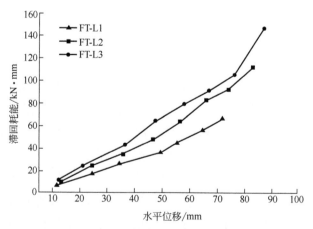

图 6-3　初次测试阶段木构架滞回耗能

然而，图 6-4 表明，随着水平位移增大，滞回耗能占总输入能量的比例整体呈减小的趋势，并且该比例降低的速率与水平位移也明显相关。从循环 1 至循环 3，滞回耗能占比下降最为显著，主要是由于此期间木构架耗能以摩擦耗能为主，构件所产生的塑性变形较少，耗能增长较慢；而此阶段水平外荷载不断增长，总输入能量增长较快，因而木构架耗能占比显著下降。从循环 3 到循环 5，木构架滞回耗能占比虽然继续下降，但降低的速率明显减小，产生该现象一方面是由于构件塑性变形的增加增大了结构耗能；另一方面，由于木构架的屈服，水平外荷载增长的速率变慢，结构总输入能量的增长变缓。循环 5 之后，滞回耗能占比基本保持不变。可见，当结构变形较大时，输入木构架的能量基本以一个固定的比例被消耗。

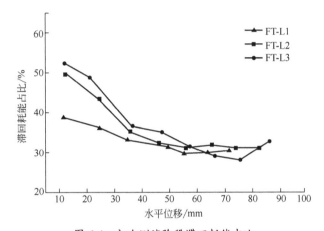

图 6-4 初次测试阶段滞回耗能占比

对比 FT-L1、FT-L2 和 FT-L3 三次测试可以看出，当水平位移较小时，不同竖向荷载下的滞回耗能占比有较大的差异。在 FT-L1、FT-L2 和 FT-L3 的一级循环中，滞回耗能分别占总输入能量的 39%、50% 和 52%，可见，随着竖向荷载的增大，滞回耗能占比增大，尤其是从 FT-L1 至 FT-L2 增长更显著。然而，从循环 1 至循环 3，FT-L2 和 FT-L3 测试中滞回耗能占比下降更为显著，从而也导致不同竖向荷载下滞回耗能占比的差异明显减小。从循环 3 至循环 5，三次测试中滞回耗能占比的差异进一步减小，循环 5 之后，三次测试中的滞回耗能占比均稳定在 30% 左右。从以上分析可以看出，水平加载幅值较小时，竖向荷载增大对增加木构架耗能占比是有利的，而在较大的循环位移下，滞回耗能占总输入能量的比例是一个与竖向荷载无关的定值。

从木构架的耗能特性可以看出，如果地震引起的木结构振动幅度较小，输入结构的能量相对较少，此时结构可以通过构件间的摩擦以及少量的塑性变形消耗将近 1/2 的地震能量，并且可通过增大结构的竖向荷载，增加结构消耗地震能量的比例。当结构的振动幅度较大时，结构的耗能量将不到地震总输入能量的 1/3，并且竖向荷载的变化不影响结构耗能占比，可见此时耗能已不是结构抵抗地震的主要途径。

6.2.3 重力势能

图 6-5 为 FT-L1、FT-L2 和 FT-L3 三次测试中木构架中的重力势能随水平位移的变化关系。由于重力势能是木构架总重量与竖向位移的乘积，而每次测试中竖向荷载是恒定的，因此重力势能随水平位移的变化规律与竖向位移的变化一致。从图 6-5 可以看出，前两级循环测试中，木构架中的重力势能非常小，并且随着水平位移增大没有明显的增长，产生该现象是由于木构架柱初始倾斜时，柱顶与普拍枋间的嵌压变形导致结构没有明显的抬升。从循环 3 至最后一级循环，随着水平位移增大，重力势能呈线性增长，主要是由于此阶段木构架的竖向抬升越来越显著。FT-L1、FT-L2 和 FT-L3 最后一级循环中，储存于木构架中的重力势能分别为 115.6kN·mm、190.3kN·mm 和 250.8kN·mm，这些重力势能的量均是相当可观的，并且远大于结构的滞回耗能，因而重力势能对此类木结构抗震具有重要的影响。

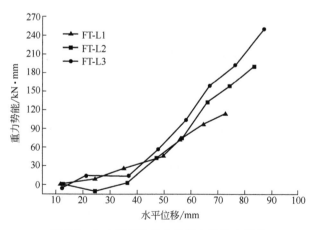

图 6-5 初次测试阶段木构架中的重力势能

由于三次测试的前两级循环所得到的木构架竖向位移均较小，重力势能与竖向荷载没有表现出明显的相关性。三级循环后，虽然三次测试中重力势能均随水平位移增大而增大，但竖向荷载增大明显加快了重力势能增长的速率。从图6-5可以看出，水平位移超过50mm后，竖向荷载增大明显增加了木构架中所储存的重力势能。该现象说明，虽然竖向荷载的增大增加了柱顶和柱底的嵌压变形，导致木构架的整体抬升量下降，但木构架却有更好的储能能力，即使结构产生较小的竖向位移，也可以转化更多的地震输入能量。

三次测试中重力势能占总输入能量的比例如图6-6所示。由于木构架在较小的水平变形下所产生的竖向抬升及储存的重力势能均可忽略，因而未考虑前两级循环中的重力势能占比。图6-6表明，随着水平位移增大，重力势能占总输入能量的比例整体呈增大的趋势。FT-L1、FT-L2和FT-L3三次测试中，从循环3至循环6，重力势能占比分别从34%、4%和12%，增大到53%、52%和51%，此阶段重力势能占比增长最为显著，并且在循环6测试中，已有超过1/2的输入能量转化为重力势能。循环6之后，重力势能占比基本保持不变。

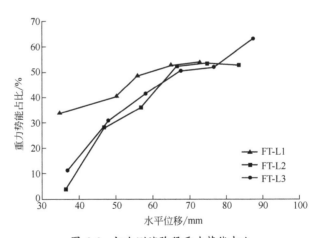

图6-6　初次测试阶段重力势能占比

当循环加载幅值较小时，FT-L1测试中重力势能占比明显比FT-L2和FT-L3测试中大，而FT-L2和FT-L3两次测试中重力势能占比差异较小，主要是由于较小的竖向荷载下，木构架更易产生竖向抬升，有利于重力势能的转化。然而，FT-L2和FT-L3测试中，随着循环加载幅值的增大，重力势能占比增长速率更快，六级循环之后，三次测试中的重力势能占比非常接近，并都稳定于50%左右。

综合以上分析可以看出，木构架由摇摆产生的竖向运动对结构抗震有重要作用。在较小的地震动作用下，木结构可通过构件摩擦和塑性变形消耗地震能量，并且由于地震能量较小，木构件不会产生过多损伤。而在较大的地震动作用下，虽然输入结构的能量较多，但通过木结构的摇摆抬升，大部分能量（超过 50%）转化为重力势能储存于结构中，极大地减小了地震能量对木构件的破坏。同时，由于储存了较多的重力势能，此时木结构为不稳定的结构体系，在重力势能的驱使下，结构又可恢复至接近初始状态，期间储存的能量也逐渐释放。可见，这种能量转化机制是木结构抵抗地震，尤其是大震的重要手段，也是此类木结构耗能能力弱而抗震性能好的重要原因。因而，分析地震作用下木结构中的能量关系时，重力势能是不可忽略的一项。

6.2.4   弹性应变能

弹性应变能的产生主要是由于施加于木构架的水平外荷载在木构件间传递过程中，各木构件相互挤压并产生弹性变形。从图 6-7 可以看出，木构架中的弹性应变能并不会随着水平位移幅值的增大而持续增长。FT-L1 测试中二级循环后，以及 FT-L2 和 FT-L3 测试中三级循环后，木构架中的弹性

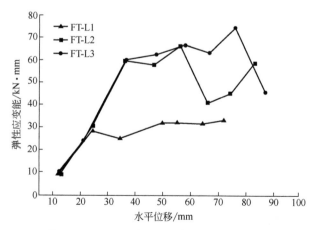

图 6-7   初次测试阶段木构架中的弹性应变能

应变能基本不再增长，说明木构件弹性变形的发展以及弹性应变能的累积主要产生于加载初期。产生该现象是由于初期加载过程中，水平外荷载的增长比较显著，木构件间的相互挤压力不断增大，导致构件的弹性变形和弹性应变能在此阶段增长明显；而随着变形增大，木构架进入屈服，水平外荷载增长缓慢甚至不再增长，因而虽然木构架变形不断增大，但构件间挤压力并没有明显增长，弹性应变能不再继续增大。

随着竖向荷载增大，木架构产生相同变形时的水平外荷载增大，导致构件的弹性变形和弹性应变能增长，从图 6-7 可以看出，FT-L2 和 FT-L3 测试中木构架的弹性应变能明显比 FT-L1 测试中大。而 FT-L2 和 FT-L3 测试中的弹性应变能比较接近，也说明竖向荷载对弹性应变能的提升有一定的限制。较大循环位移测试中（FT-L2 测试中的循环 6 和 FT-L3 测试中的循环 8）弹性应变能出现的突增或突降主要是试验误差所致。因为弹性应变能是由总能量减去滞回耗能和重力势能计算得来的，而较大的循环幅值下，弹性应变能比重力势能小得多，因而所测量的竖向位移稍有偏差，都会导致弹性应变能产生较大变化。

如图 6-8 所示，在每次测试的前两级循环中，弹性应变能占总输入能量的比例较大，其占比基本在 50%以上，主要是由于在较小水平位移下，木构件变形均以弹性变形为主，并且此阶段没有明显的结构抬升，也就没有重力势能的转换，因而大部分的输入能量以弹性应变能的形式储存于结构当中。而二级循环之后，由于木构架中的弹性应变能基本不再增长，但水

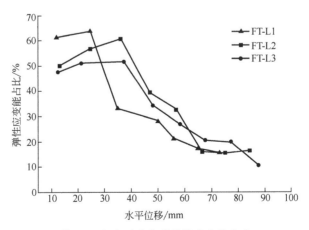

图 6-8 初次测试阶段弹性应变能占比

平荷载输入结构中的能量不断增加，导致弹性应变能的占比随位移幅值的增大明显下降，构件的弹性变形对结构抗震性能的影响持续减弱。FT-L1、FT-L2 和 FT-L3 的最后一级循环测试中，弹性应变能占比分别降至 16%、16% 和 10%，相比于初始加载过程中的占比 50%以上，此时弹性应变能对结构的贡献较小。

FT-L1、FT-L2 和 FT-L3 三次测试中，随着水平位移增大，弹性应变能占比具有相同的变化规律。但是也可以看出，当水平位移较小时，竖向荷载越小，弹性应变能占比越大，FT-L1 测试的前两级循环中，弹性应变能的占比达到 60%以上。产生该现象主要是由于在较大的竖向荷载下，木构件更易产生塑性变形，尤其是柱顶与普拍枋接触区域，从而导致结构的耗能增多，耗能占比增大。然而，随着水平位移增大，FT-L1 测试中弹性应变能的占比下降更显著，从图 6-8 可看出，二级循环之后，FT-L1 测试中弹性应变能的占比降至 FT-L2 和 FT-L3 测试之下，主要是由于此阶段 FT-L1 测试中木构架中的弹性应变能相对较小。

6.3   重复加载对木构架中各能量的影响

6.3.1   总输入能量变化

图 6-9 为六次测试中总输入能量与加载幅值的关系曲线。可以看出，ST-L1、ST-L2 和 ST-L3 测试中，总输入能量随着水平位移增大的趋势没有变化，这主要是由于重复加载下，木构架加载过程中水平外荷载随水平位移的变化趋势没有明显改变。然而，对比 FT-L1 和 ST-L1、FT-L2 和 ST-L2 以及 FT-L3 和 ST-L3 可以看出，同级竖向荷载下的第二次测试中，由木构架中残留的塑性变形引起的构件间初始缝隙增大及新缝隙的形成，导致施加于结构的水平荷载降低，输入木构架的能量减小。此外，由于 FT-L1 和 ST-L1、FT-L2 和 ST-L2 之间经历了更多的加载历程，导致水平荷载降低更显著，因而总输入能量表现出更明显的下降。对比 ST-L1、ST-L2 和 ST-L3 三条曲线可以看出，随着竖向荷载的增大，输入结构的能量明显增加，并且变化规律与初次测试阶段的三次测试相同。

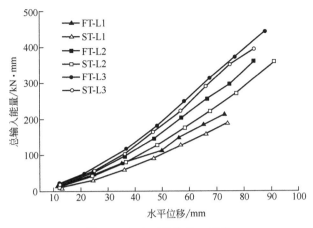

图 6-9　六次测试总输入能量

6.3.2　滞回耗能变化

如图 6-10 所示，ST-L1、ST-L2 和 ST-L3 三次测试中，滞回耗能均随着水平位移和竖向荷载的增大而增大，表现出与初次加载测试相似的变化规律，说明重复加载虽然导致木构架内部产生了一定的损伤，但其耗能机制并未改变。对比 FT-L1 和 ST-L1、FT-L2 和 ST-L2、FT-L3 和 ST-L3 可以看出，同级竖向荷载下的第二次测试中，木构架滞回耗能明显下降，主要是由于先前的加载历程使木构件留有残余变形从而导致塑性耗能降低。另外，构件间多次相互错动，使构件间接触面变得光滑，摩擦耗能也降低。此外，当木构架经历较多的加载历程，滞回耗能下降更显著。

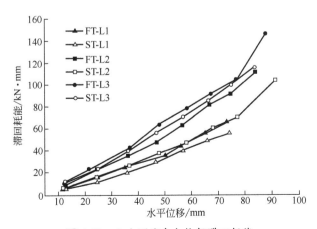

图 6-10　六次测试中木构架滞回耗能

图 6-11 表明，ST-L1、ST-L2 和 ST-L3 测试中滞回耗能占比的变化趋势整体上与 FT-L1、FT-L2 和 FT-L3 测试中相似，滞回耗能占比随水平位移增大均呈减小的趋势，并且从循环 1 至循环 3 下降最为显著，而从循环 3 到循环 5，滞回耗能占比虽然继续下降，但降低的速率明显减小。以上现象表明，无论是新建木结构还是现有的已遭遇过多次荷载作用的结构，滞回耗能对其抗震的影响均在结构振动幅度较小时比较显著，随着振动幅度增大，耗能对结构抗震性能的贡献均会逐渐减小。当水平位移幅值超过 50mm 后，六次测试中滞回耗能占比均基本保持稳定，可见，重复加载虽然降低了木构架的耗能量，但在水平位移幅值较大的情况下，结构仍能以一个固定比例消耗输入结构中的能量。

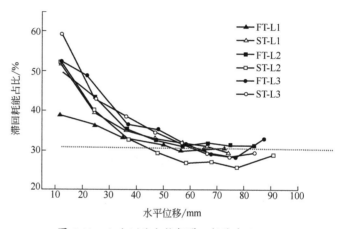

图 6-11 六次测试木构架滞回耗能占比

对比 ST-L1、ST-L2 和 ST-L3 三次测试可以看出，滞回耗能占比随竖向荷载的变化与初次加载测试不同。ST-L1、ST-L2 和 ST-L3 的一级循环中，滞回耗能占比分别为 51%、52% 和 59%，相对于初次加载，同一竖向荷载下的耗能占比均有所提升，尤其是从 FT-L1 至 ST-L1 提升幅度最大，该现象也导致重复加载测试阶段不同竖向荷载下的滞回耗能占比的差异减小。随着水平位移增大，ST-L1 和 ST-L3 测试中滞回耗能占比变化趋势一致。然而，从循环 3 至循环 5，ST-L2 测试中滞回耗能占比的下降幅度相对于其他测试更大，导致在较大的循环幅值下其耗能占比稳定在一个相对较低的值。

对比同一竖向荷载下的两次测试可以看出，重复加载对木构架耗能占比的影响并无明显规律。从 FT-L1 至 ST-L1，滞回耗能占比有明显的提升，而从 FT-L2 到 ST-L2，耗能占比在循环 3 之后明显降低，此外，耗能占比在 FT-L3 和 ST-L3 两次测试中无明显的变化。虽然竖向荷载和加载历程均会影响木构架滞回耗能占比随水平位移的变化特征，但从图 6-11 可以看出，在循环 5 之后，六次测试中木构架耗能占比均趋近同一值。FT-L1、FT-L2、FT-L3、ST-L3、ST-L2 和 ST-L1 的最后一级循环中，滞回耗能占比分别为 31%、31%、33%、29%、29%和 29%，可见，在较大的水平位移下，木结构所消耗的能量均占输入能量的 30%左右，该比例与加载历程和竖向荷载无关。该特性对于评价此类木结构的耗能，或者根据结构耗能量估算地震输入能量有重要意义。

6.3.3　重力势能变化

从图 6-12 六次测试得到的木构架中的重力势能可以看出，重复加载不影响重力势能随水平位移的变化趋势。ST-L1、ST-L2 和 ST-L3 测试的前两级循环中，木构架中存储的重力势能均不显著，并且与竖向荷载没有表现出明显的相关性。而三级循环后，随着位移幅值增大，重力势能均呈线性增长，且竖向荷载越大，重力势能增长速率越快。循环 5 之后，不同竖向荷载下木构架中的重力势能有明显差异。从 FT-L1 到 ST-L1、FT-L2 到 ST-L2、FT-L3 到 ST-L3，木构架中存储的重力势能均没有降低，主要是由于木构架的竖向抬升特性不受加载历程的影响。

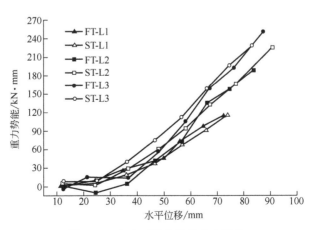

图 6-12　六次测试木构架重力势能

从图 6-13 可以看出，ST-L1、ST-L2 和 ST-L3 测试中，重力势能占比随水平位移增大均呈增大的趋势，但增长速率逐渐变缓，六级循环之后，重力势能占比变化很小。对比 ST-L1、ST-L2 和 ST-L3 三次测试可以看出，不同竖向荷载下重力势能占比随水平位移的变化趋势基本一致，并且三次测试中重力势能占比的差异很小，这些特征与初次测试阶段的三次测试明显不同。说明随着木结构经历较多的加载历程，竖向荷载对重力势能占比的影响减弱。

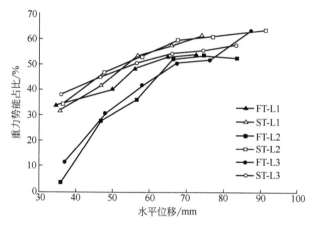

图 6-13　六次测试木构架重力势能占比

FT-L1、FT-L2、FT-L3、ST-L3、ST-L2 和 ST-L1 测试的三级循环中，重力势能占比分别为 34%、4%、12%、38%、34% 和 32%。可见，一级竖向荷载下的两次测试中，重力势能占比接近，而二级和三级竖向荷载下的第二次测试中，重力势能占比均明显增长。三级循环之后，FT-L2 和 FT-L3 中重力势能占比增长速率更快，导致同一竖向荷载下的两次测试中，重力势能占比的差异逐渐减小。但从图 6-13 也可看出，同一竖向荷载下的第二次测试中重力势能占比明显更高。该现象说明，木结构经历的加载历程越多，重力势能转化对结构抗震发挥越重要的作用，该特性是由于木结构的摇摆抬升受重复加载的影响较小。在 FT-L1、FT-L2、FT-L3、ST-L3、ST-L2 和 ST-L1 测试的最后一级循环中，重力势能占比分别达到了 54%、53%、63%、58%、63% 和 61%。可见，依靠这种摇摆抬升机制，木结构甚至可以将 60% 以上的能量转化为重力势能并储存于结构中，并且该能量转化机制在木结构遭遇多次荷载作用后，反而发挥更重要的作用。现存的中国传统木结构能经受住多次地震作用仍屹立不倒，并且还具有较好的承载能力，与本章提出的木构架依靠摇摆抬升而实现能量转化的抗震机理密不可分。

6.3.4 弹性应变能变化

图 6-14 表明，ST-L1、ST-L2 和 ST-L3 测试中木构架中的弹性应变能随水平位移的变化与初次加载测试有相同的规律。从循环 1 到循环 2，木构架中的弹性应变能明显增大，二级循环后，ST-L1、ST-L2 测试中木构架的弹性应变能基本不再增长，ST-L3 测试三级循环后，弹性应变能仅有小幅上升，说明木构件的弹性变形以及弹性应变能仍主要产生于初期加载过程中。对比同一竖向荷载下的两次测试可以看出，重复加载导致木构架累积的弹性应变能降低，产生该现象主要是由于当木构架经过初次加载历程后，部分木构件产生了塑性变形，从而降低了其累积弹性应变能的能力。但对比ST-L1、ST-L2 和 ST-L3 可以看出，木构架中的弹性应变能随竖向荷载增加而增大的趋势没有改变。

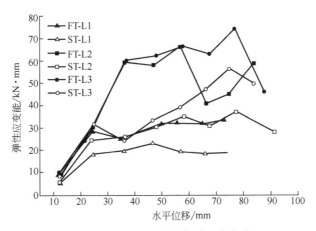

图 6-14 六次测试木构架弹性应变能

如图 6-15 所示，在 ST-L1、ST-L2 和 ST-L3 测试的前两级循环中，弹性应变能占总输入能量的比例较大，说明重复加载虽然导致木构架中的弹性应变能下降，但在结构位移较小时，其对结构抗震仍起着关键作用。之后，随着水平位移增大，弹性应变能占比显著降低，该变化规律与初次加载测试一致。此外，ST-L1、ST-L2 和 ST-L3 三次测试中弹性应变能占比随竖向荷载无明显变化规律，并且各测试中的弹性应变能占比接近，表明重复加载导致竖向荷载对弹性应变能占比的影响减弱，也就是说，当结构经历多次荷载历程后，不同竖向荷载下构件弹性变形对木结构抗震性能的贡献是相当的。

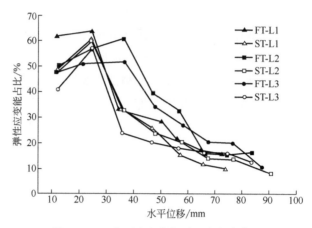

图 6-15　六次测试木构架弹性应变能占比

对比 FT-L1 和 ST-L1、FT-L2 和 ST-L2、FT-L3 和 ST-L3 可以看出，重复加载导致木构架中弹性应变能占比减小，并且从图 6-15 可以看出，ST-L2 和 ST-L3 测试的循环 3 至循环 5 弹性应变能占比下降最显著。ST-L1、ST-L2 和 ST-L3 测试的最后一级循环中，弹性应变能占比分别为 10%、8% 和 13%，相比于同一竖向荷载下初次测试中的 16%、16% 和 10%，其占比有一定的下降，表明重复加载导致弹性应变能对结构的贡献进一步降低。

从六次测试结果来看，弹性应变能对此类木结构抗震性能的影响主要体现于初期加载阶段，也就是木结构振动幅度较小时，而在大震作用下，构件弹性变形发挥的作用较小。此外，随着木结构遭遇较多次地震，构件塑性变形的累积会进一步降低结构中储存的弹性应变能及其在结构抗震中的作用。对于现存的木结构，除了外荷载的作用，长期荷载作用下的徐变，环境腐蚀等作用均会很大程度上降低木构件储存弹性应变能的能力。因而，实际木结构进行抗震性能分析时，对弹性应变能的作用应做进一步折减，折减幅度可参照结构的实际受荷历程及构件残损情况而定。

6.4 抗震机理的适用性分析

本章基于能量转换的木结构抗震机理是根据拟静力测试结果提出的，在忽略了结构阻尼耗能及结构动能的基础上得到了如式（6-7）所示的能量平衡方程。然而，当木结构遭遇地震作用时，结构中的动能是不可忽视的。因而，本节针对试验结果的适用性进行详细的分析与论证。

由式（6-1）及分析结果可知，实际的地震作用过程中，木构架中的能量关系应表示为：

$$E_I = E_K + E_E + E_\xi + E_H + E_G \qquad (6\text{-}10)$$

假设木构架遭遇一个瞬时的地震激励，在此激励下，木构架获得一个大小为 V_0 的初速度，如图 6-16(a) 所示的状态 1。该激励输入结构中的总能量等于此时结构的动能，并可用下式表示：

$$E_I = E_{K0} = \frac{1}{2} M V_0^2 \qquad (6\text{-}11)$$

由于该激励作用，结构将产生偏离初始位置的运动，在此期间，输入结构的能量一部分通过结构的阻尼，构件的塑性变形及构件间的摩擦滑移消耗，一部分通过构件的弹性变形及结构的摇摆转化为弹性应变能和重力势能储存于结构中，同时伴随着结构运动速度的不断减小。当结构到达如图 6-16(b) 所示的状态 2 时，其运动速度下降至 V_1，此时的能量关系为：

$$E_I = E_{K1} + E_{E1} + E_{\xi 1} + E_{H1} + E_{G1} \qquad (6\text{-}12)$$

其中，

$$E_{K1} = \frac{1}{2} M V_1^2 \qquad (6\text{-}13)$$

随着结构的进一步运动，其运动速度继续减小，当速度减小至零时，结构的水平位移量达到最大，如图 6-16(c) 所示的状态 3，此时 V_2 等于零。这一时刻木构架中的能量关系可以表示为：

$$E_I = E_{E2} + E_{\xi 2} + E_{H2} + E_{G2} \qquad (6\text{-}14)$$

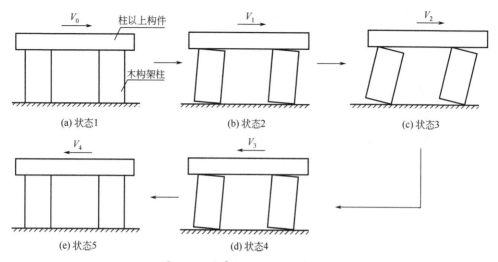

图 6-16　地震激励下的木构架运动

　　该状态下，木构架中存储了大量的重力势能和弹性应变能，结构体系处于不稳定状态，并且其变形有自恢复的趋势。在这些存储的能量的驱动下，木构架开始向平衡位置运动，并产生与初始激励相反的运动速度，此过程中，存储的弹性应变能和重力势能一部分被结构消耗，另一部分逐渐转化为动能，如图 6-16(d) 所示的状态 4。当木构架再次回到初始位置时，结构中存储的弹性应变能和重力势能全部释放，如图 6-16(e) 所示的状态 5，此时结构的运动速度 V_4 远小于初始速度 V_0。整个运动过程中，木构架消耗的能量可以表示为：

$$E_H + E_\xi = \frac{1}{2}MV_0^2 - \frac{1}{2}MV_4^2 \tag{6-15}$$

　　此外，考虑到木结构高度非弹性特性，其滞回耗能量应远大于阻尼耗能量，Suzuki 等[104]和 Maeno 等[105]对日本传统木结构抗震性能的研究成果也证实了这一点。如图 6-17 所示，在他们的研究中，拟静力测试得到的木构架滞回曲线与振动台测试中正弦波激励下得到的滞回曲线高度相似，相同水平位移下的加载曲线和卸载曲线均基本重合，表明静力和动力测试下，木构架具有相同的耗能特性。因而，木构架在地震作用下的滞回耗能量约等于其总耗能量，式（6-15）可等价为：

$$E_H = \frac{1}{2}MV_0^2 - \frac{1}{2}MV_4^2 \tag{6-16}$$

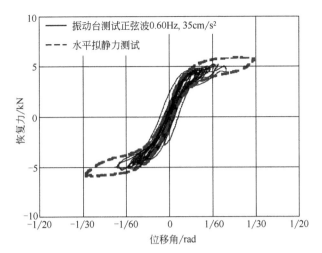

图 6-17　拟静力测试和振动台测试中滞回曲线对比[104]

从而，式（6-14）可等价为：

$$E_I = E_{E2} + E_{H2} + E_{G2} \qquad (6-17)$$

对比式（6-7）和式（6-17）可以看出，无论是否考虑结构中的动能，当结构到达每个振动循环的最大位移处时，输入木结构中的能量均全部转化为重力势能、弹性应变能及结构的滞回耗能，因为此时结构的运动速度及动能均为零。因此，如果能够确定木结构在一次动态激励下的最大水平位移量，则可根据本章的研究成果评估重力势能的贡献。若该动态激励引起的结构水平位移量较小，重力势能影响较小，而弹性应变能和滞回耗能影响较大；若该激励导致木结构产生较大的水平位移量，结构产生的重力势能将是非常可观的，并可根据本章的研究结果定量评价重力势能的影响程度。因此，虽然本章提出的木结构抗震机理是基于拟静力测试的，但同样适用于动力测试以及遭遇实际地震的木结构。需要注意的是，实际地震中，储存的重力势能在结构摇摆过程中，一部分被结构消耗，一部分通过柱与地面的碰撞而损耗，同时伴随着结构振幅的不断减小，直至结构静止；在本次拟静力测试中，由于木构架两侧加载装置的限制，结构在回归初始位置过程中动能始终为零，结构中减小的重力势能与水平外荷载所做的功相互抵消。

从以上分析结果可以看出，能量转换机制对此类木结构抗震起着重要作用，当木结构遭遇水平荷载作用时，必须考虑结构的竖向抬升和由此产生的重力势能。笔者建议对此类木结构进行拟静力或动力测试时，增加对结构竖向位移和竖向运动的监测，结构抗震性能的分析与评价也应当考虑到这一点。

7

木构架抗震机理的数值模拟分析

7.1 缩尺木构架有限元模型

7.1.1 木构架建模

　　采用 Abaqus/CAE 前处理模块，参照缩尺试验模型的实际尺寸建立了木构架有限元分析模型，如图 7-1 所示。搁置模型的混凝土地面采用 2.4m（长）×2.4m（宽）×0.12m（厚）的刚性底板模拟，底板下表面固结，模型柱直接搁置于底板上表面，两者之间设置摩擦连接，以反映柱脚实际变形情况。模拟屋顶荷载的质量板采用 C30 混凝土的力学参数（弹性模量 E_c=3×10⁴N/mm²；泊松比 ν=0.2），通过改变质量板的密度以模拟三级不同竖向荷载，质量板与素枋通过摩擦传递荷载。由于混凝土板的弹性模量远大于木材，质量板自身的形变可忽略，为提高计算效率，本次模拟分析中将质量板设置为不可变形的刚体。

图 7-1　木构架有限元模型

　　由于木构架为完全组装而成的结构，构件之间不可避免地存在一定的缝隙，根据本书 1.2.2 部分介绍的研究成果可知，榫头与卯口间的缝隙对结构的承载性能有显著的影响，并且侧缝的影响远大于端缝。试验前对各木构件尺寸的测量发现，榫头和卯口宽度差异在 1mm 左右，因而在所建立的有限元模型中，榫头两侧各设置宽度为 0.5mm 的缝隙（图 7-2），使有限元分析更接近实际情况。然而，有限元模型并未考虑木构件存在的如裂缝、木节等初始缺陷。

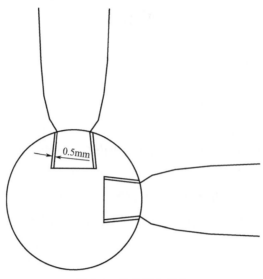

图 7-2 榫卯节点缝隙

模型所有构件划分网格时均采用 8 节点 6 面体线性减缩积分单元（C3D8R），采用结构化网格划分技术，木构件网格尺寸采用 10～40mm。为节省计算时间并同时保证计算精度，对于易产生形变的构件及构件中易产生损伤的区域采用较小的网格尺寸，如梁柱连接区域。

7.1.2　材料本构关系

木材是一种非均质的、各向异性的有机材料，其顺纹和横纹方向的力学性能有明显的差异。木材复杂的本构关系体现在拉力或剪力作用下产生脆性破坏，在受压时产生塑性变形，并且横纹受压时产生二次应变硬化[132]。本次模拟分析中，木材弹性阶段简化为正交各向异性材料，其本构方程可表达为：

$$\begin{bmatrix} \sigma_{11} \\ \sigma_{22} \\ \sigma_{33} \\ \sigma_{12} \\ \sigma_{23} \\ \sigma_{31} \end{bmatrix} = \begin{bmatrix} D_{1111} & D_{1122} & D_{1133} & 0 & 0 & 0 \\ D_{1122} & D_{2222} & D_{2233} & 0 & 0 & 0 \\ D_{1133} & D_{2233} & D_{3333} & 0 & 0 & 0 \\ 0 & 0 & 0 & D_{1212} & 0 & 0 \\ 0 & 0 & 0 & 0 & D_{2323} & 0 \\ 0 & 0 & 0 & 0 & 0 & D_{3131} \end{bmatrix} \begin{bmatrix} \varepsilon_{11} \\ \varepsilon_{22} \\ \varepsilon_{33} \\ \varepsilon_{12} \\ \varepsilon_{23} \\ \varepsilon_{31} \end{bmatrix} \qquad (7\text{-}1)$$

$$D_{1111}=E_1(1-\nu_{23}\nu_{32})\gamma,\quad D_{2222}=E_2(1-\nu_{13}\nu_{31})\gamma,\quad D_{3333}=E_3(1-\nu_{12}\nu_{21})\gamma,$$
$$D_{1122}=E_1(\nu_{21}+\nu_{31}\nu_{23})\gamma,\ D_{1133}=E_3(\nu_{13}+\nu_{12}\nu_{23})\gamma,\ D_{2233}=E_2(\nu_{32}+\nu_{12}\nu_{31})\gamma,\ D_{1212}=2G_{12},$$
$$D_{2323}=2G_{23},\ D_{3131}=2G_{31},\ \varepsilon_{12}=\gamma_{12}/2,\ \varepsilon_{23}=\gamma_{23}/2,\ \varepsilon_{31}=\gamma_{31}/2,$$
$$\gamma=\left(1-\nu_{12}\nu_{21}-\nu_{23}\nu_{32}-\nu_{31}\nu_{13}-2\nu_{21}\nu_{32}\nu_{13}\right)^{-1}$$

式中　E_1，E_2，E_3——木材顺纹（L）、径向（R）和弦向（T）弹性模量；

　　　G_{12}，G_{23}，G_{31}——木材顺纹-径向（L-R）、径向-弦向（R-T）和顺纹-弦向（L-T）剪切模量；

　　　ν——泊松比；

　　　σ，ε——应力和应变。

该模型的九个参数 E_1、E_2、E_3、ν_{12}、ν_{13}、ν_{23}、G_{12}、G_{13} 和 G_{23} 中，弹性模量（E_1、E_2 和 E_3）和剪切模量（G_{12}、G_{13} 和 G_{23}）参照本书附录 A 樟子松的力学性能测试结果选取，泊松比参照陈志勇[132]的研究确定，各参数汇总于表 7-1。木材密度取 $0.466\times10^{-9}\text{t/mm}^3$。

※ 表 7-1　用于有限元模拟的木材力学参数

弹性模量/（N/mm²）			泊松比			剪切模量/（N/mm²）		
E_1	E_2	E_3	ν_{12}	ν_{13}	ν_{23}	G_{12}	G_{13}	G_{23}
8300	377	184	0.341	0.011	0.578	345	231	65

从试验结果可看出，木构件产生塑性损伤的区域均为抗压强度较低的横纹受压区，而处于顺纹受压状态的柱始终处于弹性变形状态，并且所有构件均未出现拉力或剪力作用下的脆性破坏。因而本次有限元分析中，对于横纹受压构件，木材在弹性阶段后的本构关系用横纹受压应力-应变关系表征，以反映木材受压屈服后的应变硬化，以及在大变形条件下的二次硬化。基于本章进行的樟子松力学性能测试结果拟合得到如图 7-3 所示的木材横纹受压应力-应变本构关系曲线，由试验得到的木材应力和应变分别为名义应力（σ_{nom}）和名义应变（ε_{nom}），通过式（7-2）和式（7-3）分别转化为真实应力（σ_{true}）和真实应变（$\varepsilon_{\text{true}}$）。木材的屈服应变根据式（7-4）计算。式中 ε_{el} 为弹性应变，真实应力和屈服应变间的关系如图 7-4 所示，图中 A、B 和 C 三点的坐标分别为（0，3）、（0.44，11）和（0.5，53）。

$$\sigma_{\text{true}}=\sigma_{\text{nom}}\left(1+\varepsilon_{\text{nom}}\right) \tag{7-2}$$

$$\varepsilon_{\text{true}}=\ln\left(1+\varepsilon_{\text{nom}}\right) \tag{7-3}$$

$$\varepsilon_{pl} = \varepsilon_{true} - \varepsilon_{el} \qquad (7\text{-}4)$$

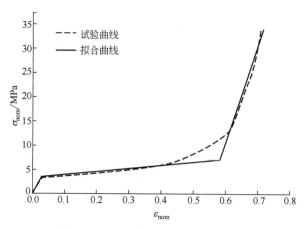

图 7-3　名义应变-名义应力关系曲线

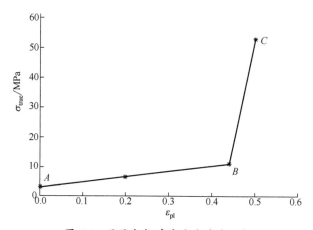

图 7-4　屈服应变-真实应力关系曲线

7.1.3　接触关系

Abaqus 中构件间的接触关系包含切向作用和法向作用两方面。本章分析中，法向作用采用"硬"（hard）接触，当接触面之间的接触压力变为零或负值时，两个接触面分离，并且约束被离开；当构件表面发生接触时，采用库伦摩擦模型描述接触面间的相互作用，该模型用摩擦系数 μ 表征两个接触面间的摩擦行为。根据樟子松摩擦系数测试结果，木构件间的摩擦系数取 0.45，混凝土与木构件间的摩擦系数根据苏军等[133]的研究成果取 0.6。

7.2 数值模拟结果

7.2.1 变形特征

从图 7-5 可以看出，数值模拟得到的整体木构架变形特征与试验结果相似，水平反复荷载作用下柱架层产生明显摇摆变形，而斗拱层表现出较好的整体性，并且在整个模拟过程中接近平动；与试验现象相同，有限元分析中木构架所有构件均未产生失效破坏，即使在最大水平位移加载状况下，所有木构件均处于可继续承载的状态，木构架的极限状态由水平变形决定。

图 7-5　木构架变形对比

数值模拟中，榫卯节点拔榫变形（图7-6）及柱脚抬升变形（图7-7）与试验结果也能较好地吻合。从图7-8可以看出，由于柱的倾斜，普拍枋与柱顶边缘接触区域产生明显的应力集中，该区域也是试验中普拍枋易产生损伤的区域。因而，本章的数值模拟可以完全反映整体木构架及关键节点的变形特征，也可初步确定所建立的有限元模型的合理性及数值模拟结果的可信性。

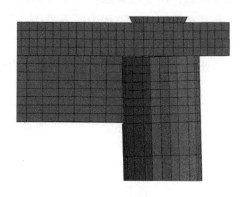

图 7-6 榫卯节点变形对比

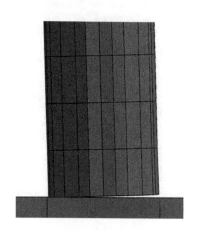

图 7-7　柱脚变形对比

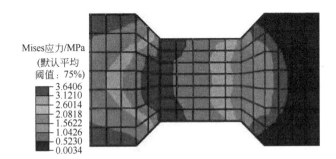

Mises应力/MPa
(默认平均
阈值: 75%)
- 3.6406
- 3.1210
- 2.6014
- 2.0818
- 1.5622
- 1.0426
- 0.5230
- 0.0034

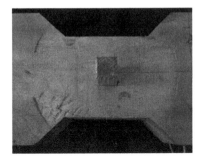

图 7-8　普拍枋应力分布区与变形区对比

7.2.2　滞回曲线

由于有限元模型未考虑木构架中的累积损伤,因而将模拟结果与试验中初次测试阶段的三次测试进行对比。从图7-9可以看出,数值模拟得到的木构架滞回曲线也呈狭长的S形,曲线整体变化趋势与试验结果高度相似,与试验结果相比,数值模拟结果有如下特征。

① 初始加载阶段,数值模拟得到的木构架刚度明显大于试验结果,产生该现象一方面是由于所建立的有限元模型未考虑木构件的初始缺陷,导致

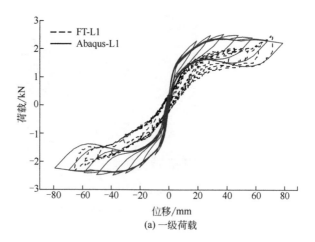

(a) 一级荷载

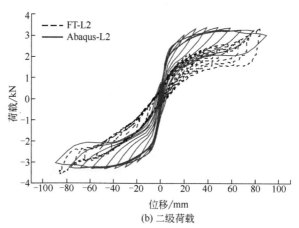

(b) 二级荷载

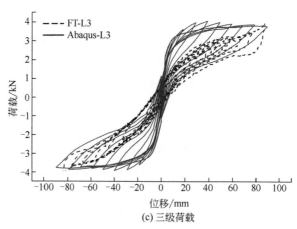

(c) 三级荷载

图 7-9　滞回曲线对比

单个构件的承载力偏高；另一方面，实际木构件在加工过程中的尺寸偏差以及表面不平整将使得试验模型内存在更多的大小不一的缝隙，而有限元模型仅考虑了榫头和卯口间的侧缝，其他木构件各接触面均处于完全贴合状态，从而导致数值模拟得到的木构架刚度偏大。

② 加载过程中，当 10mm≤Δ≤50mm 时，模拟曲线与试验曲线接近平行，但数值模拟得到的木构架承载力略高于试验结果，因而此阶段内数值模拟结果可完全用于预测木构架荷载随位移的变化趋势，但用于评价木构架的承载力时应予以折减；此外，数值模拟并不能很好地体现试验过程中在较大的位移下由榫卯节点咬合力增加而使木构架承载力增加的特征。从图 7-9 可以看出，当水平位移超过 70mm 后，数值模拟得到的木构架承载力逐渐趋近于试验结果，因而数值模拟结果可用于评价木构架极限承载力。

③ 卸载初期，一级和二级竖向荷载下，数值模拟曲线也表现出与试验曲线相似的荷载突降，然而随着继续卸载，卸载曲线逐渐向加载曲线靠近，完全卸载后，曲线基本回到初始位置，从图中可看出，当-5mm≤Δ≤5mm 时，数值模拟得到的曲线捏缩现象更显著；产生该现象主要是由于数值模型中所考虑的缝隙较少，因而在完全卸载后，构件均基本回到初始位置，而不会出现试验测试中由于构件间初始缝隙偏移而导致的曲线明显不归位现象。

④ 随着竖向荷载增大，数值模拟得到的滞回曲线逐渐变得饱满，从图 7-9(c) 可以看出，三级竖向荷载下模拟曲线所包围的面积明显比试验曲线更大，说明在较大的竖向荷载下，数值模拟会高估结构的耗能。

⑤ 试验曲线的不对称主要由木材本身材性的离散、木构件加工误差以及水平加载装置的安装误差导致，而数值模拟可完全避免这些因素的影响，因而相比于试验曲线，数值模拟曲线具有更好的对称性。

由以上分析可以看出，本章的数值模拟结果能在一定程度上反映木构架的滞回性能，揭示此类木结构耗能能力弱、变形能力强的特性，并可完全用于预测木构架的极限承载力和变形能力。然而，由于未能充分考虑实际木结构各构件间的缝隙以及木构件的初始缺陷，计算结果与试验结果也产生了差异。以上计算结果和试验结果的对比为数值模拟结果的应用及有限元模型的改进提供了重要的参考。

7.2.3　竖向位移

水平反复加载模拟下，木构架竖向位移时程曲线如图 7-10 所示，该竖

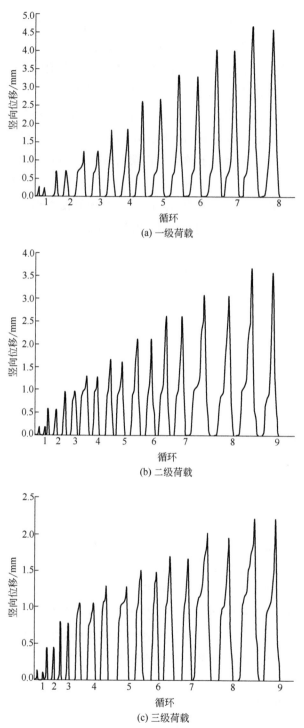

(a) 一级荷载

(b) 二级荷载

(c) 三级荷载

图 7-10　木构架竖向位移时程曲线

古建筑木结构抗震机理研究

向位移取自质量板中心。从数值模拟结果可以看出，无论是正方向加载还是负方向加载，木构架均产生了竖向抬升，并且两个方向加载过程中抬升量接近。三次测试的一级循环中，木构架竖向位移均较小，该现象与试验结果相似，主要是由于柱初始倾斜时，柱顶与普拍枋接触区域产生明显嵌压变形；随着水平加载幅值增大，木构架竖向位移均显著增长。随着竖向荷载增大，由于柱顶嵌压变形的增大，木构架竖向抬升量明显下降，从图中可以看出三级竖向荷载下的抬升量不到一级竖向荷载下的1/2，因而竖向荷载对木构架的竖向运动也有显著的影响。

与试验结果相比，数值模拟结果与试验结果相近，但略大于试验值。一至三级竖向荷载下，数值模拟得到的木构架最大抬升量分别为 4.6mm、3.6mm 和 2.3mm，对应于相同水平位移下的试验值分别为 2.52mm、2.52mm 和 2.68mm，竖向荷载越大，数值模拟得到的木构架竖向抬升量越接近试验结果。可见，试验测试和有限元模拟均表明了木构架在水平荷载作用下可产生竖向抬升，并且两者的结果有明显的相似性，若能在数值模拟中更好地考虑木材的材性以及木构件的初始缺陷，有限元结果将更接近于木构架实际受载时的情况。

7.3　木构架中各能量对比分析

7.3.1　总输入能量

从图 7-11 可以看出，数值模拟中，输入木构架的总能量随着水平位移增大呈线性增长，随着竖向荷载增大，总输入能量也有明显增长，曲线整体变化趋势与试验结果相同。然而同一竖向荷载下，对应于相同的水平位移，数值模拟中木构架的水平外荷载略大于试验值，因而其总输入能量也高于试验结果。

7.3.2　滞回耗能

图 7-12 表明，数值模拟得到的木构架滞回耗能曲线与试验曲线有相同的变化趋势，随着水平位移和竖向荷载增大，木构架耗能均明显增加。当

$\varDelta<40$mm 时，数值模拟和试验测试得到的木构架滞回耗能值接近；而当 $\varDelta>40$mm 时，数值模拟结果明显大于试验结果，并且随着水平位移增大，两者差别更加显著。产生该现象是由于数值模型仅考虑了榫卯节点处的缝隙，未考虑木构件的初始缺陷，导致相邻的两个木构件更易相互摩擦并更易产生塑性形变，因而可消耗更多的能量。

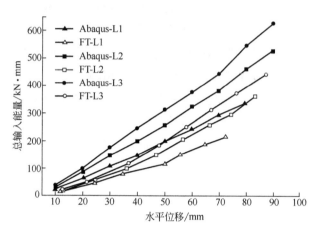

图 7-11　总输入能量

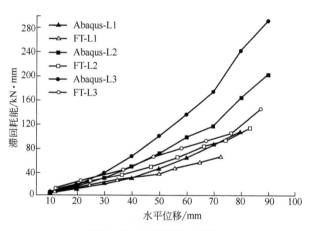

图 7-12　木构架滞回耗能

从图 7-13 可以看出，数值模拟与试验测试得到的木构架滞回耗能占比随加载幅值有不同的变化趋势。当 $\varDelta=10$mm 时，数值模拟得到的木构架滞回耗能占比远低于试验结果，随着水平位移幅值增大，数值模拟结果与试验结果的差异逐渐减小；当水平加载幅值达到 60mm 时，两者的耗能占比接近。以上现象说明，当木构架水平位移幅值较小时，数值模拟会低估木构架的耗能占比，不能很好地反映木构架的耗能能力；水平位移幅值在60mm左右时，可用数值模拟结果评价木构架的耗能能力。

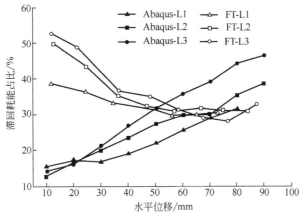

图 7-13　滞回耗能占比

7.3.3　重力势能

数值模拟和试验测试中木构架中的重力势能如图 7-14 所示，相比于试验测试，数值模拟得到的木构架重力势能变化更具有规律性。一至三级循环中，随着水平位移幅值增大，数值模拟中的木构架重力势能呈线性增长，而此阶段由试验测试得到的木构架重力势能无明显变化；三级循环之后，

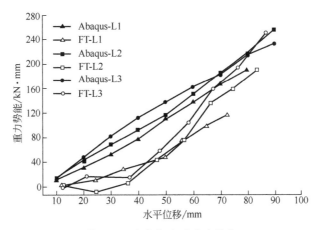

图 7-14　木构架中的重力势能

两者的重力势能均呈线性增长。该现象一方面是由于数值模拟中将木材复杂的材性予以简化，另一方面数值模拟中模型组装及受载均为理想状态，因而相对于试验测试木构架产生更有规律的抬升及重力势能的存储。

从图 7-15 可以看出，数值模拟和试验测试中的木构架重力势能占比变化趋势有明显差异。数值模拟中重力势能占比随水平加载幅值变化较缓，并且在一级和二级循环测试中重力势能占比也很可观。一至三级竖向荷载下的最后一级循环中，数值模拟得到的木构架重力势能占比分别为 56.6%、48.5% 和 37.2%，相应的试验值分别为 53.9%、52.6% 和 63.2%，除三级竖向荷载外，两者的重力势能占比接近。可见，在较大的水平位移下，数值模拟结果可完全反映木构架存储重力势能的性质。

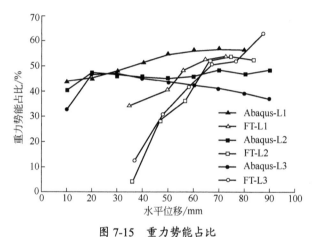

图 7-15　重力势能占比

7.3.4　弹性应变能

从图 7-16 的数值模拟结果也可以看出，木构架中木构件弹性变形的发展以及弹性应变能的累积主要产生于加载初期，三级循环之后木构架中的弹性应变能增长较缓慢，与试验结果有明显的相似性，并且两者在数值上也接近。从图 7-17 可以看出，由数值模拟和试验测试得到的弹性应变能占比随加载幅值有相同的变化规律，水平加载幅值较小时，弹性应变能占有较高的比例，随着水平加载幅值增大，弹性应变能占比急剧下降。一至三级竖向荷载下的最后一级循环中，数值模拟得到的木构架弹性应变能占比分别为 11.6%、12.8% 和 16.3%，相应的试验值分别为 16%、16% 和 10%。

可见，数值模拟可完全反映木构架储存弹性应变能的性质。

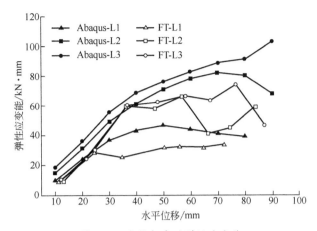

图 7-16　木构架中的弹性应变能

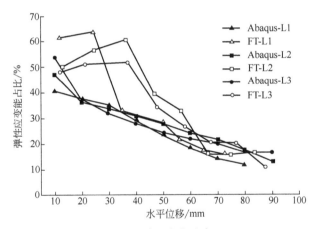

图 7-17　弹性应变能占比

附　录

附录 A　樟子松物理力学性质

A.1　密度

参照《木材密度测定方法》（GB/T 1933—1991）制作了一组共 8 个木材密度测试试件，按标准方法进行了木材气干密度和全干密度的测试，测试结果见表 A-1。

※ 表 A-1　密度测试结果

试件数量	气干密度/(g/cm³)	全干密度/(g/cm³)
8	0.466	0.426

A.2　抗弯性能

樟子松抗弯性能测试包括抗弯弹性模量和抗弯强度的测试。抗弯弹性模量测试过程中，木材试件仅发生可恢复的弹性变形，对试件的力学性能不产生影响，因而抗弯强度测试可与抗弯弹性模量测试采用同一试件。参照《木材抗弯弹性模量测定方法》（GB/T 1936.2—1991）和《木材抗弯强度试验方法》（GB/T 1936.1—1991）制作了如图 A-1 所示的测试试件，并按标准方法进行了樟子松抗弯弹性模量和抗弯强度的测试，抗弯性能测试结果见表 A-2。

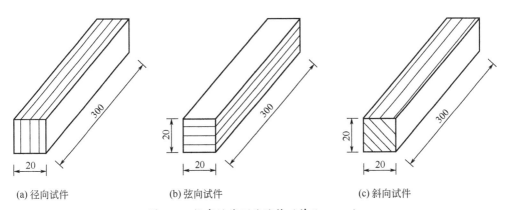

(a) 径向试件　　　　　　　　(b) 弦向试件　　　　　　　　(c) 斜向试件

图 A-1　抗弯性能测试试件（单位：mm）

A.3 抗拉性能

参照《木材顺纹抗拉强度测定方法》（GB/T 1938—1991）制作了如图 A-2 所示的抗拉强度测试试件，并按标准方法进行测试，测试结果见表 A-2。

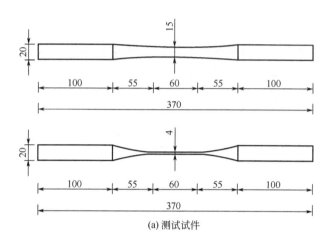

(a) 测试试件

(b) 测试装置

图 A-2 抗拉试件及测试装置（单位: mm）

A.4　竖纹抗压性能

A.4.1　顺纹抗压弹性模量

参照《木材顺纹抗压弹性模量测定方法》（GB/T 15777—1995）制作了如图 A-3 所示的顺纹抗压弹性模量试件，并按标准方法进行测试，测试结果见表 A-2。

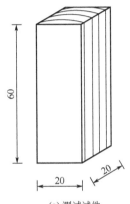

(a) 测试试件

(b) 测试装置

图 A-3　顺纹抗压弹性模量试件及测试装置（单位：mm）

A.4.2　顺纹抗压强度

参照《木材顺纹抗压试验方法》（GB/T 1935—1991）制作了如图 A-4 所示的顺纹受压试件，并按标准方法进行测试，测试结果见表 A-2。

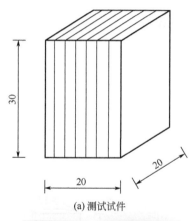

(a) 测试试件

(b) 测试装置

图 A-4　顺纹抗压强度试件及测试装置（单位：mm）

A.5　横纹抗压性能

A.5.1　横纹抗压弹性模量

参照《木材横纹抗压弹性模量测定方法》（GB/T 1943—1991）制作了如图 A-5 所示的径向试件和弦向试件，并按标准方法进行测试，测试结果见表 A-2。

A.5.2　横纹抗压强度

参照《木材横纹抗压试验方法》（GB/T 1939—1991）分别制作了如图 A-6 所示的横纹全部抗压试件（分径向和弦向）和图 A-7 所示的横纹局部抗压试件（分径向和弦向），并按标准方法进行测试，测试结果见表 A-2。

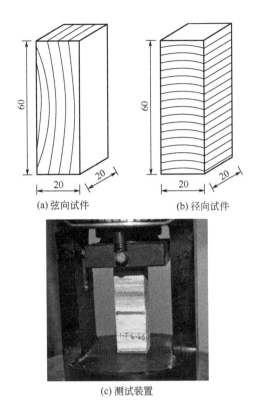

(a) 弦向试件   (b) 径向试件

(c) 测试装置

图 A-5　横纹抗压弹性模量试件（单位：mm）

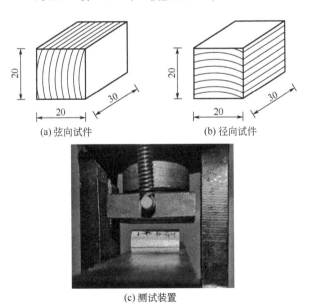

(a) 弦向试件   (b) 径向试件

(c) 测试装置

图 A-6　横纹全部抗压试件及测试装置（单位：mm）

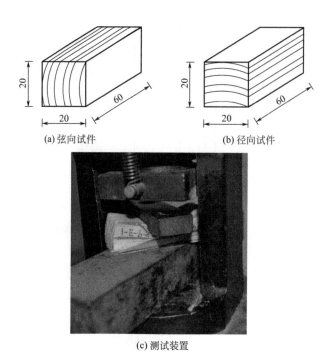

(a) 弦向试件 　　　　　　　　　(b) 径向试件

(c) 测试装置

图 A-7　横纹局部抗压试件及测试装置（单位：mm）

A.6　剪切模量

参考王丽宇等[134]对白桦材弹性常数的测定，采用变跨三点弯曲法测定樟子松的剪切模量 G_{LR}、G_{TL}，并采用 45° 剪切试验（图 A-8）测定剪切模量 G_{RT}，测试结果见表 A-2。

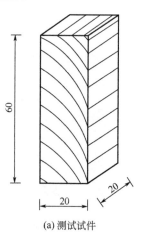

(a) 测试试件

(b) 测试装置

图 A-8　45° 剪切试件及测试装置（单位：mm）

※ 表 A-2　樟子松力学性质汇总

测试项目	试件种类	试件数量/个	含水率/%	结果/MPa	标准差	变异系数/%
抗弯弹性模量	径向	8	11.7	7606.6	895.5	11.78
	弦向	8	11.8	7809.6	357.4	4.58
	斜向	8	10.8	8436.5	533.2	6.32
抗弯强度	径向	8	11.7	74.9	10.0	13.33
	弦向	8	11.8	65.7	7.4	11.30
	斜向	8	10.8	76.9	5.5	7.16
顺纹抗拉强度		8	12.7	93.6	18.3	19.52
顺纹抗压弹性模量		8	8.0	8031.0	340.7	11.24
横纹抗压弹性模量	径向	8	11.8	376.7	54.0	14.33
	弦向	8	12.3	183.5	35.3	19.21
顺纹抗压强度		8	10.6	41.2	3.8	9.23
横纹全表面抗压强度	径向	8	11.9	4.6	0.4	9.01
	弦向	8	11.8	5.4	0.7	12.75
横纹局部抗压强度	径向	8	10.6	5.9	0.5	8.59
	弦向	8	11.1	6.5	1.3	20.25
剪切模量	G_{LR}	3	11.6	65	70.4	10.8
	G_{LT}	3	11.6	345	51.1	14.8
	G_{RT}	6	10.8	231	77.9	33.7

A.7　摩擦系数

参考陈志勇[132]对木材摩擦系数的测定方法，制作了如图 A-9 所示的 6 组摩擦系数试件，分别测试木材端面与端面、径面与径面、弦面与弦面、端面与径面、径面与弦面及弦面与端面间的静摩擦系数，测试结果见表 A-3。

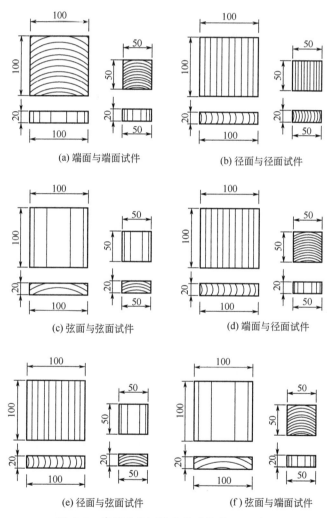

(a) 端面与端面试件　　　　　　　(b) 径面与径面试件

(c) 弦面与弦面试件　　　　　　　(d) 端面与径面试件

(e) 径面与弦面试件　　　　　　　(f) 弦面与端面试件

图 A-9　摩擦系数测试试件（单位：mm）

组别	类别	数量	含水量/%	结果	标准层	变异系数/%
第一组	端面-端面	8	9.61	0.70	0.08	11.43
第二组	径面-径面	8	9.08	0.42	0.03	7.14
第三组	弦面-弦面	8	9.22	0.40	0.06	15.00
第四组	径面-弦面	8	9.27	0.35	0.07	20.00
第五组	径面-端面	8	9.87	0.58	0.11	19.00
第六组	弦面-端面	8	9.70	0.66	0.13	19.70

附录 B   位移传感器原理及制作

B.1   应变片和桥路

B.1.1   应变片原理

电阻应变片又称为电阻应变计，简称应变片。应变片种类繁多，但基本原理相同。应变片主要由基底、覆盖层、电阻丝丝栅和引出线四部分组成，基本构造如图 B-1 所示。

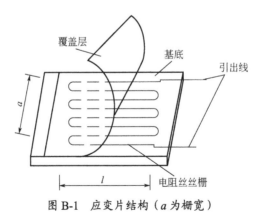

图 B-1   应变片结构（a 为栅宽）

电阻丝丝栅是应变片中电阻变化量和应变量转换的敏感材料，它是以直径约为 0.025mm 的合金电阻丝绕成形如栅栏状的应变片核心元件，对电阻应变片的性能起决定性作用；基底主要用于固定电阻丝丝栅，同时当应变片工作时，基底起着把试件应变准确传给电阻丝丝栅的作用；引线用以连接电阻丝丝栅和测量线路；覆盖层主要用于保护电阻丝丝栅，使其免受机械损伤和高温氧化。

根据金属材料的物理性质，电阻丝的电阻 R 与其长度 l 和截面面积 A 的关系为：

$$R = \rho \frac{l}{A} \tag{B-1}$$

当电阻丝被拉伸，长度变长而截面面积减小，受压时长度变短而面积增大。电阻变化可以表示为：

$$\mathrm{d}R = \frac{\partial R}{\partial l}\mathrm{d}l + \frac{\partial R}{\partial A}\mathrm{d}\rho = \left(\frac{\rho}{A}\right)\mathrm{d}l - \left(\frac{\rho l}{A^2}\right)\mathrm{d}A + \left(\frac{l}{A}\right)\mathrm{d}\rho \tag{B-2}$$

对上式两端同除以 R，结合式（B-1），可得：

$$\frac{\mathrm{d}R}{R} = \frac{\mathrm{d}l}{l} - \frac{\mathrm{d}A}{A} + \frac{\mathrm{d}\rho}{\rho} \tag{B-3}$$

其中，$\varepsilon = \mathrm{d}l/l$ 为金属丝长度变化，即应变；金属丝截面为圆形，其面积变化为 $\mathrm{d}A/A = -2\upsilon\varepsilon$，$\upsilon$ 为金属丝泊松比。则上式可转换为：

$$\frac{\mathrm{d}R}{R} = (1+2\upsilon)\varepsilon + \frac{\mathrm{d}\rho}{\rho} = K\varepsilon \tag{B-4}$$

其中：

$$K = (1+2\upsilon) + \frac{\mathrm{d}\rho/\rho}{\varepsilon} \tag{B-5}$$

K 为金属丝的灵敏系数，表示单位应变引起的相对电阻变化；当金属丝电阻变化时，只要测得电阻及其变化值，就能通过上式得到应变值。

B.1.2　应变测量原理——桥路

应变测量需要专门的测试仪器——电阻应变仪。其测量原理是通过惠斯登电桥（图 B-2），将微小的电阻变化转变为电压或电流的变化。惠斯登电桥由四个电阻 R_1、R_2、R_3、R_4 构成电桥的四个桥臂，电桥 B、D 端输出电压 U_{out} 和 A、C 端输入电压 U_{in} 关系为：

$$U_{\mathrm{out}} = U_{\mathrm{in}} \frac{R_1 R_3 - R_2 R_4}{(R_1 + R_3)(R_2 + R_4)} \tag{B-6}$$

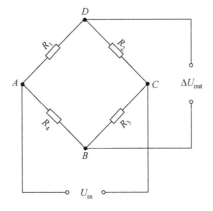

图 B-2　惠斯登电桥

当四个电阻满足 $R_1/R_2=R_4/R_3$ 时，电桥输出电压为零，电桥处于平衡状态。当桥臂电阻变化为 ΔR 时，输出电压 ΔU_{out} 为：

$$\Delta U_{out} = U_{in}\left[\frac{R_1 R_2}{(R_1+R_2)^2}\left(\frac{dR_1}{R_1}-\frac{dR_2}{R_2}\right)+\frac{R_3 R_4}{(R_3+R_4)^2}\left(\frac{dR_3}{R_3}-\frac{dR_4}{R_4}\right)\right] \qquad (B-7)$$

当 $R_1=R_2=R_3=R_4$ 时：

$$\Delta U_{out} = \frac{U_{in}}{4}K(\varepsilon_1 - \varepsilon_2 + \varepsilon_3 - \varepsilon_4) \qquad (B-8)$$

通过上式可以将应变转化为电压值。在实际使用中，应变片粘贴于试验对象上，并按照一定的桥路形式接入电阻应变仪，才能采集得到试验对象的应变值。桥路接法有 1/4 桥、半桥和全桥三种形式。

（1）1/4 桥

惠斯通电桥中的四个电阻，若只有一个电阻应变片（R_1）处于工作状态，其他三个电阻为固定电阻，也就是在试验过程中只有一个应变片的电阻随试验对象应变的变化而改变，其他三个电阻为应变仪内阻值不变的标准电阻，称为 1/4 桥应变测量，输出的电压变化为：

$$\Delta U_{out} = \frac{U_{in}}{4}K\varepsilon_1 \qquad (B-9)$$

（2）半桥

对于弯曲梁，如图 B-3，在梁上下表面各粘贴一个应变片，接入桥路的电阻为 R_1 和 R_2，R_3 和 R_4 为电阻应变仪中的定值电阻。当梁向下弯曲变形时，梁的上下表面均会产生应变，应变值大小相同，但符号相反，此时输出的电压变化为：

$$\Delta U_{out} = \frac{U_{in}}{2} K \varepsilon_1 \tag{B-10}$$

此时，输出信号放大了 1 倍，这种方式称为半桥测量。

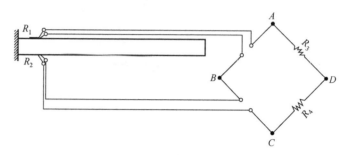

图 B-3 半桥接法

半桥测量应变片还有一种"T"形贴法（图 B-4），若材料的泊松比已知按图中方式安装应变片，此时输出的电压变化为：

$$\Delta U_{out} = \frac{U_{in}}{4} K \varepsilon_1 (1 + \upsilon) \tag{B-11}$$

其中，υ 为材料的泊松比。

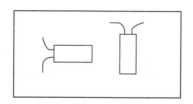

图 B-4 应变片"T"形安装

（3）全桥

当惠斯通桥路中的四个电阻全部接入工作应变片，并按一定的次序连接时为全桥连接。例如，当弯曲梁的上下表面各安装两个应变片，上表面两应变片作为 R_1 和 R_4，下表面两应变片作为 R_2 和 R_3 分别接入桥路，此时输出的电压变化为：

$$\Delta U_{\text{out}} = U_{\text{in}} K \varepsilon_1 \qquad\qquad （\text{B-12}）$$

其输出的电压变化是 1/4 桥的 4 倍。

B.2　位移传感器设计

B.2.1　位移传感器组成及原理

位移传感器系统由手柄、弹性钢片、应变片以及轨道四部分组成，其中弹性钢片、应变片、手柄是制作位移传感器的主要元件，轨道为位移传感器标定以及实际测量时使用的装置。手柄主要用于连接弹性钢片并在使用过程中固定位移计，其主要尺寸如图 B-5(a) 所示；弹性钢片是位移传感器的核心元件，包括三个区域［图 B-5(b)］，最左端为与手柄的连接区，中间为变形区，右端为自由区，弹性钢片表面（变形区靠近手柄处）粘贴应变片［图 B-5(c)］，可将位移转变为应变信号，因而其材料也有特殊要求，既能与应变片协调工作，又能满足大位移的要求。手柄与弹性钢片预留孔洞，用螺栓固定在一起，在其表面"T"形粘贴应变片，桥路采用半桥接法。本次设计位移传感器量程为±100mm，变形区间距为 200mm，自由端长 35mm（参数确定方法见 B.2.2）。图 B-6 为制作完成的位移传感器。

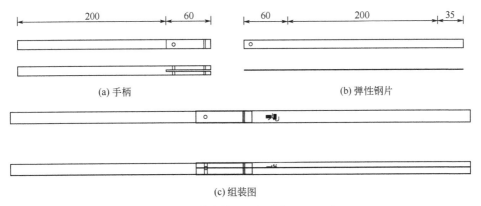

(a) 手柄　　　　　　　　　　　　　(b) 弹性钢片

(c) 组装图

图 B-5　位移传感器组成（单位：mm）

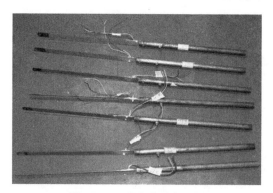

图 B-6　位移传感器实体图

位移测量原理如图 B-7 所示，构件移动时，弹性钢片随着构件的位移发生变形，当构件位移为 S 时，弹性钢片的位移也为 S，因弹性钢片弯曲使贴于其表面的应变片发生变形，通过采集系统将应变片的变形转化为相应的微应变 μ，同时建立应变 μ 和位移 S 函数关系来得出结构的位移值，即 $S=f(\mu)$，通过标定可以确定这种函数关系，进而可以通过采集到的应变值求得构件的实际位移。

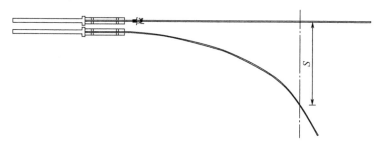

图 B-7　位移传感器测量原理图

位移传感器使用时需将弹性钢片放置于设计好的轨道中，在使用时改变位移传感器和轨道方向就能测量不同方向的位移，如结构竖向位移和水平位移。位移传感器轨道采用两个角钢拼接而成（图 B-8，由 B.2.2 正交试验确定），两角钢中间留设一定宽度的缝隙用于放置弹性钢片，轨道与手柄间为弹性钢片的变形区。轨道一方面起着导向作用；另一方面在测量竖向或水平位移时可以释放水平或竖向位移，轨道长度可根据实际测量需要确定，当测量水平位移时，竖向位移较小，轨道长度较短，当测量竖向位移时，由于水平位移较大，需要较长的轨道释放水平位移，位移传感器变形如图 B-9 所示。

图 B-8　位移传感器轨道（单位：mm）

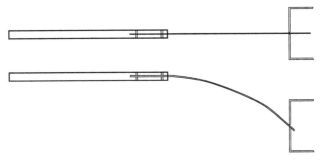

图 B-9　WZ 位移计变形

B.2.2　位移传感器参数确定

影响位移传感器静态参数指标（精度、灵敏度、分辨力、线性度、回程误差）的三个主要因素是自由端长度、轨道宽度以及轨道类型，通过正交试验可以定量分析这些物理因素的影响。

（1）正交实验设计

位移传感器的设计目标为静态参数指标，影响因素为传感器的三个物理因素，每种影响因素下均设有两个水平：自由端长度水平一为 35mm，水平二为 45mm；轨道宽度水平一为 2.1mm，水平二为 1.4mm；轨道类型水平一为卡槽型，水平二为双钉型。设计目标、影响因素及水平见 L_4(2^3) 正交试验表 B-1。

※ 表 B-1　位移传感器正交试验表

试验号	自由端长度 A	轨道宽度 B	轨道类型 C	指标
1	1（35）	1（2.1）	1（卡）	精度、灵敏度、分辨力、线性度、回程误差、重复性误差
2	1（35）	2（1.4）	2（钉）	
3	2（45）	1（2.1）	2（卡）	
4	2（45）	2（1.4）	1（钉）	

据表 B-1 可知，为确定传感器物理因素需要做四组试验：第一组自由端长度 35mm，轨道宽度 2.1mm，轨道类型为卡槽型；第二组自由端长度

35mm，轨道宽度 1.4mm，轨道类型为双钉型；第三组自由端长度 45mm，轨道宽度 2.1mm，轨道类型为卡槽型；第四组自由端长度 45mm，轨道宽度 1.4mm，轨道类型为双钉型，试验装置如图 B-10。

图 B-10　正交试验装置

测试步骤如下：

① 将传感器的三芯导线按半桥接法接入电阻应变采集仪线路，传感器手柄固定于固定杆上，并保证传感器水平；

② 传感器弹性钢片插入轨道缝隙中，保证弹性钢片与缝隙平行，轨道固定于可施加水平位移的金属拉伸试验测距仪上；

③ 设置静态电阻应变仪，采用半桥形式连接，电阻阻值为 120Ω；

④ 使用金属拉伸试验测距仪使其轨道与钉子轨道同步以 10mm 为单位进行移动，移动范围为 ±100mm，重复四次，试验数据取后三次；

⑤ 改变三种物理因素，完成四组试验。

（2）试验结果分析

1）极差分析

通过对位移传感器进行的四组试验，并应用极差公式及五种静态参数指标公式分别对每组试验结果进行计算，得出了各因素的主次顺序、优水平（表 B-2）。

※ 表 B-2　极差分析表

指标	参数	自由端长度 A	轨道宽度 B	轨道类型 C	因素
精度	R	0.614	0.294	0.013	A＞B＞C
	优水平	2	1	2	
分辨力	R	2.29	1.71	1.61	A＞B＞C
	优水平	1	2	1	

指标	参数	自由端长度 A	轨道宽度 B	轨道类型 C	因素
线性度	R	0.4	0.091	0.138	A>C>B
	优水平	1	1	1	
灵敏度	R	0.004	0.001	0.001	A>B=C
	优水平	2	1	2	
迟滞	R	0.255	0.245	0.302	B>A>C
	优水平	2	1	2	

由极差分析可以看出，三因素在五种指标下均有不同的主次顺序，但极差数较小，因此可忽略主次之分，三因素均应在设计位移传感器中考虑；各因素下的水平在不同的指标下均有所不同：对于作用点位置，作用点距离传感器的固定端越远，其分辨力、线性度的影响越大，因此设计作用点位置选用距离端头 35mm 处，同时也应注意，自由端长度应保证位移传感器在运行中不脱离轨道；对于轨道缝隙，缝隙越大，位移计的精度、灵敏度、回程误差和线性度影响越大，因此轨道缝隙选用 2.1mm；对于轨道类型，卡槽型轨道对位移计的分辨力和线性度影响大，因此选用卡槽型轨道。

2）方差分析

方差分析是将数据的总变异（SS 总）分为因素引起的变异（SS 因）和误差引起的变异（SS 误），并构造 F 统计量，作 F 检验来判定因素作用是否显著。由方差分析计算公式可得位移传感器的三种物理因素对静态参数指标的影响显著程度，从表 B-3 中可以看出，三种物理因素对传感器的静态参数指标影响特别显著。

※ 表 B-3　方差分析表

指标	参数	自由端长度 A	轨道宽度 B	轨道类型 C	Fa
精度	F值	2.6×10^{13}	6.1×10^{12}	1.1×10^{10}	
	显著水平	**	**	**	
分辨力	F值	$+\infty$	$+\infty$	$+\infty$	
	显著水平	**	**	**	
线性度	F值	2.3×10^{13}	1.2×10^{12}	2.7×10^{12}	$F_{0.05}(1.1)=161$
	显著水平	**	**	**	$F_{0.01}(1.1)=405$
灵敏度	F值	$+\infty$	$+\infty$	$+\infty$	
	显著水平	**	**	**	
迟滞	F值	1.5×10^{14}	1.3×10^{14}	2.1×10^{14}	
	显著水平	**	**	**	

B.2.3　位移传感器制作与标定

（1）位移传感器制作

位移传感器制作的关键在于应变片位置的确定。因弹性钢片固定端存在应力集中问题，所以应变片贴至距手柄固定端 50mm 处；为避免温度变化对传感器的影响，同时粘贴温度补偿应变片。由于应变片采用 AB 胶粘贴，鉴于胶水的时效性，传感器放置 3 个月后再使用时应复核或重新标定。

（2）位移传感器标定

位移传感器标定与正交试验采用相同的装置（图 B-10），采用金属拉伸试验测距仪、静态电阻应变仪 TS3890 及 TS3890 测量软件进行标定，标定范围为±100mm，即传感器量程为±100mm，每个位移计标定四次。

位移传感器标定过程如下。

① 检验导线：用万用表测量每根导线，检验是否出现短路和断路现象。

② 导线连接设备：将三芯导线连接到静态电阻应变仪和位移计上，注意连接的方向及判断公共线。

③ 划控制线：将位移计距离顶端 35mm 处划线，使得位移计未伸入导轨内的受弯构件受弯长度相同。

④ 固定位置：将夹位移计的夹具与测距仪的相对距离固定在合适的位置，即弹性钢片深入导轨的位置在画线处。

⑤ 固定位移计：将位移计固定在夹具杆上，调节其高度和距离使得位移计水平伸入轨道的位置在画线处，并使得位移计在轨道缝隙中间。

⑥ 设置静态电阻应变仪：本次标定连接采用半桥形式，电阻阻值为120Ω。

⑦ 标定过程：应变片受拉时标定范围为 0mm-100mm-0mm，受压时标定范围为 0mm-100mm-0mm，以 10mm 为单位进行标定。

⑧ 数据记录及处理：由于采集设备采集存在时差，因此静态电阻应变仪读数应在位移停止后 15s 左右应变读数稳定之后记录数据。

（3）标定结果分析

进行四次标定，取后三次的应变作为标定值，对试验数据采用基于 T 分布的格拉布斯法剔除异常数据，并通过计算数据的相对误差、标准偏差及变异系数来判定试验结果的准确度及精密度，同时应用 F 检验和 T 检验来判定误差的显著程度，根据最小二乘法原理得出 WZ 位移计的应变与位移的函数关系，并利用拟合优度检验及标准残差来判定曲线拟合的程度（表B-4）。

※ 表B-4　回归分析表

位移区间 /mm	特征应变 区间	回归方程	相关系数 r^2	标准 残值	相对误差最大值 /±%	变异系数最大值 /±%
−100~100	−2023~−2233	$y=-22.145x$ -75.39	0.998	7.6	2.676	0.755

综合以上可知：量程在（−100mm，100mm）拟合为线性关系，由判定系数及标准残值可知位移传感器应变-位移公式拟合度较高；由相对误差及变异系数可知试验结果的准确度及精密度较高。拟合公式如下：

$$y = -22.145x - 75.39 \qquad (-100 \leqslant x \leqslant 100) \tag{B-13}$$

式中　x——微应变；

　　　y——位移，mm。

B.2.4　位移传感器的静态参数指标

传感器系统的性能取决于其静态参数指标，对位移传感器的精度、分辨力、灵敏度、线性度、回程误差及重复性误差进行计算，并列于表 B-5。

※ 表B-5　静态参数表

区间	线性度/±%	正行程重复性 误差/±%	反行程重复性 误差/±%	精度/±%	灵敏度	分辨力	迟滞/±%
−100~100	2.903	0.328	0.352	3.089	0.045	19.4	0.586

可以看出，位移传感器的静态参数指标体现了较好的性能，位移和应变表现出很好的线性关系。

参考文献

[1] 中国科学院自然科学史研究所. 中国古代建筑技术史[M]. 北京：科学出版社，1985.

[2] 李诫. 营造法式[M]. 北京：人民出版社，2006.

[3] 潘谷西，何建中. 《营造法式》解读[M]. 南京：东南大学出版社，2005.

[4] 李铁英，魏剑伟，张善元，等. 高层古建筑木结构——应县木塔现状结构评价[J]. 土木工程学报，2005(02)：51-58.

[5] 魏剑伟，李铁英. 古砖塔动力特性测试与分析研究[J]. 山西建筑，2002(01)：18-19.

[6] 乔冠峰，李铁英. 飞云楼现状评估及加固设计方案研究[J]. 工业建筑，2014(10)：170-175.

[7] 谢启芳，赵鸿铁，薛建阳，等. 汶川地震中木结构建筑震害分析与思考[J]. 西安建筑科技大学学报(自然科学版)，2008(05)：658-661.

[8] 谢启芳，薛建阳，赵鸿铁. 汶川地震中古建筑的震害调查与启示[J]. 建筑结构学报，2010(S2)：18-23.

[9] 潘毅，赵世春，余志祥，等. 对汶川地震灾区文化遗产建筑震害与保护的几点思考[J]. 四川大学学报(工程科学版)，2010(S1)：82-85.

[10] 潘毅，王超，季晨龙，等. 汶川地震中木结构古建筑的震害调查与分析[J]. 建筑科学，2012(07)：103-106.

[11] 潘毅，李玲娇，王慧琴，等. 木结构古建筑震后破坏状态评估方法研究[J]. 湖南大学学报(自然科学版)，2016(01)：132-142.

[12] 周乾，闫维明，杨小森，等. 汶川地震导致的古建筑震害[J]. 文物保护与考古科学，2010(01)：37-45.

[13] 张风亮，高宗祺，薛建阳，等. 古建筑木结构地震作用下的破坏分析及加固措施研究[J]. 土木工程学报，2014(S1)：29-35.

[14] 潘毅，唐丽娜，王慧琴，等. 芦山7.0级地震古建筑震害调查分析[J]. 地震工程与工程振动，2014(01)：140-146.

[15] 薛建阳，张鹏程，赵鸿铁. 古建木结构抗震机理的探讨[J]. 西安建筑科技大学学报(自然科学版)，2000(01)：8-11.

[16] 张鹏程，赵鸿铁，薛建阳，等. 中国古建的防震思想[J]. 世界地震工程，2001(04)：1-6.

[17] 高大峰，赵鸿铁，薛建阳，等. 中国古代木构建筑抗震机理及抗震加固效果的试验研究[J]. 世界地震工程，2003(02)：1-10.

[18] 赵鸿铁，张锡成，薛建阳，等. 中国木结构古建筑的概念设计思想[J]. 西安建筑科技大学学报(自然科学版)，2011(04)：457-463.

[19] 王晖，孙启智，程小武. 传统木结构柱脚滑移对其结构及抗震性能影响分析[J]. 建筑技术开发，2017(22)：17-19.

[20] 姚侃，赵鸿铁. 木构古建筑柱与柱础的摩擦滑移隔震机理研究[J]. 工程力学，2006(08)：127-131.

[21] 孙启智. 木结构古建筑柱脚节点力学性能分析[J]. 价值工程，2017(29)：102-104.

[22] 贺俊筱，王娟，杨庆山. 摇摆状态下古建筑木结构木柱受力性能分析及试验研究[J]. 工程力学，2017(11)：50-58.

[23] 贺俊筱，王娟，杨庆山. 古建筑木结构柱脚节点受力性能试验研究[J]. 建筑结构学报，2017(08)：141-149.

[24] 贺俊筱，王娟，杨庆山. 考虑高径比影响的木结构柱抗侧能力试验研究[J]. 土木工程学报，2018(03)：27-35.

[25] Qin S J，Yang N，Dai L. Rotational behavior of column footing joint and its effect on the dynamic characteristics of traditional Chinese timber structure[J]. Shock and Vibration，2018，2018：1-13.

[26] He J X，Wang J. Theoretical model and finite element analysis for restoring moment at column foot during rocking[J]. Journal of Wood Science，2018，64(2)：97-111.

[27] Wang J，He J X，Yang Q S. Finite element analysis on mechanical behavior of column foot joint in traditional Chinese timber structures[C]. In：14th International Symposium on Structural Engineering，2016，1 and 2：1396-1402.

[28] Wang J，He J X，Yang Q S，et al. Study on mechanical behaviors of column foot joint in traditional timber structure[J]. Structural Engineering and Mechanics，2018，66(1)：1-14.

[29] 潘毅，安仁兵，陈建，等. 基于摇摆柱的古建筑木结构柱脚节点力学模型研究[J]. 建筑结构学报. DOI:10.14006/j.jzjgxb.2020.0737.

[30] Fang D P，Iwasaki S，Yu M H，et al. Ancient Chinese timber architecture. Ⅰ：experimental study[J]. Journal of Structural Engineering，2001，127(11)：1348-1357.

[31] Fang D P，Iwasaki S，Yu M H，et al. Ancient Chinese timber architecture. Ⅱ：dynamic characteristics[J]. Journal of Structural Engineering，2001，127(11)：1358-1364.

[32] Lyu M N，Zhu X Q，Yang Q S. Connection stiffness identification of historic timber buildings using temperature-based sensitivity analysis[J]. Engineering Structures，2017，131：180-191.

[33] 高大峰，赵鸿铁，薛建阳，等. 中国古建木构架在水平反复荷载作用下的

试验研究[J]. 西安建筑科技大学学报(自然科学版)，2002(04)：317-319.

[34] 高大峰，赵鸿铁，薛建阳，等. 中国古建木构架在水平反复荷载作用下变形及内力特征[J]. 世界地震工程，2003(01)：9-14.

[35] 姚侃，赵鸿铁，葛鸿鹏. 古建木结构榫卯连接特性的试验研究[J]. 工程力学，2006(10)：168-173.

[36] 赵鸿铁，张海彦，薛建阳，等. 古建筑木结构燕尾榫节点刚度分析[J]. 西安建筑科技大学学报(自然科学版)，2009(04)：450-454.

[37] 徐明刚，邱洪兴. 古建筑木结构榫卯节点抗震试验研究[J]. 建筑科学，2011(07)：56-58.

[38] 周乾，闫维明，周锡元，等. 古建筑榫卯节点抗震性能试验[J]. 振动，测试与诊断，2011(06)：679-684.

[39] Chen L K, Li S C, Wang Y T, et al. Experimental study on the seismic behaviour of mortise-tenon joints of the ancient timbers[J]. Structural Engineering International，2017，27(4)：512-519.

[40] Li X W, Zhao J H, Ma G W, et al. Experimental study on the traditional timber mortise-tenon joints[J]. Advances in Structural Engineering，2015，18(12)：2089-2102.

[41] Li X W, Zhao J H, Ma G W, et al. Experimental study on the seismic performance of a double-span traditional timber frame[J]. Engineering Structures，2015，98：141-150.

[42] 谢启芳，杜彬，向伟，等. 古建筑木结构燕尾榫节点抗震性能及尺寸效应试验研究[J]. 建筑结构学报，2015(03)：112-120.

[43] 谢启芳，杜彬，张风亮，等. 古建筑木结构燕尾榫节点弯矩-转角关系理论分析[J]. 工程力学，2014(12)：140-146.

[44] Chen C C, Qiu H X, Lu Y. Flexural behaviour of timber dovetail mortise-tenon joints[J]. Construction and Building Materials，2016，112：366-377.

[45] 潘毅，张启，王晓玥，等. 古建筑木结构燕尾榫节点力学模型研究[J]. 建筑结构学报，42(8)：9.

[46] 杨娜，钟凯，秦术杰. 基于分式析因设计的燕尾榫节点抗弯性能研究[J]. 建筑科学与工程学报，2018(05)：32-38.

[47] 陆伟东，居兴鹏，邓大利. 村镇典型木结构榫卯及木构架抗震性能试验研究[J]. 工程抗震与加固改造，2012(03)：82-85.

[48] 陈春超，邱洪兴. 直榫节点受弯性能研究[J]. 建筑结构学报，2016(S1)：292-298.

[49] 潘毅，王超，唐丽娜，等. 古建筑木结构直榫节点力学模型的研究[J]. 工程力学，2015(02)：82-89.

[50] 谢启芳，王龙，郑培君，等. 传统木结构单向直榫节点转动弯矩-转角关系理论分析[J]. 湖南大学学报(自然科学版)，2017(07)：111-117.

[51] 孙俊，陶忠，杨淼，等. 传统木结构直榫节点弯矩-转角关系理论与试验研究[J]. 低温建筑技术，2017(09)：40-43.

[52] 赵鸿铁，董春盈，薛建阳，等. 古建筑木结构透榫节点特性试验分析[J]. 西安建筑科技大学学报(自然科学版)，2010(03)：315-318.

[53] 许涛，张玉敏，宋晓胜. 拔榫状态下的古建筑木结构透榫节点试验[J]. 河北联合大学学报(自然科学版)，2014(01)：92-96.

[54] 陈春超，邱洪兴. 透榫节点的受弯性能[J]. 东南大学学报(自然科学版)，2016(02)：326-334.

[55] 薛建阳，路鹏，夏海伦. 古建筑木结构透榫节点受力性能的影响因素分析[J]. 西安建筑科技大学学报(自然科学版)，2018(03)：324-330.

[56] 潘毅，安仁兵，王晓玥，等. 古建筑木结构透榫节点力学模型研究[J]. 土木工程学报，2020，53(04)：65-74，86.

[57] 隋䶮，赵鸿铁，薛建阳，等. 古建筑木结构直榫和燕尾榫节点试验研究[J]. 世界地震工程，2010(02)：88-92.

[58] 隋䶮，赵鸿铁，薛建阳，等. 中国古建筑木结构铺作层与柱架抗震试验研究[J]. 土木工程学报，2011(01)：50-57.

[59] 淳庆，乐志，潘建伍. 中国南方传统木构建筑典型榫卯节点抗震性能试验研究[J]. 中国科学：技术科学，2011(09)：1153-1160.

[60] Chun Q，Yue Z，Pan J W. Experimental study on seismic characteristics of typical mortise-tenon joints of Chinese southern traditional timber frame buildings[J]. Science China-Technological Sciences，2011，54(9)：2404-2411.

[61] 陈春超，邱洪兴，包铁楠，等. 不对称榫卯节点正反向受弯性能试验研究[J]. 东南大学学报(自然科学版)，2014(06)：1224-1229.

[62] 高永林，陶忠，叶燎原，等. 传统木结构典型榫卯节点基于摩擦机理特性的低周反复加载试验研究[J]. 建筑结构学报，2015(10)：139-145.

[63] 谢启芳，郑培君，崔雅珍，等. 古建筑木结构直榫节点抗震性能试验研究[J]. 地震工程与工程振动，2015(03)：232-241.

[64] 薛建阳，李义柱，夏海伦，等. 不同松动程度的古建筑燕尾榫节点抗震性能试验研究[J]. 建筑结构学报，2016(04)：73-79.

[65] 薛建阳，夏海伦，李义柱，等. 不同松动程度下古建筑透榫节点抗震性能试验研究[J]. 西安建筑科技大学学报(自然科学版)，2017(04)：463-469.

[66] 薛建阳，董金爽，夏海伦，等. 不同松动程度下古建筑木结构透榫节点弯矩-转角关系分析[J]. 西安建筑科技大学学报(自然科学版)，2018(05)：638-644.

[67] 张锡成，代武强，薛建阳. 带空隙透榫节点弯矩-转角关系理论分析[J]. 湖南大学学报(自然科学版)，2018(05)：125-133.

[68] Yue Z. Traditional Chinese wood structure joints with an experiment considering regional differences[J]. International Journal of Architectural Heritage，2014，8(2)：224-246.

[69] Huang H，Sun Z W，Guo T，et al. Experimental study on the seismic performance of traditional Chuan-Dou style wood frames in southern China[J]. Structural Engineering International，2017，27(2)：246-254.

[70] 张鹏程，赵鸿铁，薛建阳，等. 斗结构功能试验研究[J]. 世界地震工程，2003(01)：102-106.

[71] 吴磊. 古建筑木结构铺作层试验研究[D]. 西安：西安建筑科技大学，2008.

[72] 隋㐤，赵鸿铁，薛建阳，等. 古建木构科栱侧向刚度的试验研究[J]. 世界地震工程，2009(04)：145-147.

[73] 隋㐤，赵鸿铁，薛建阳，等. 古建木构科栱侧向刚度的试验研究(英文)[J]. 西安建筑科技大学学报(自然科学版)，2009(05)：668-671.

[74] 隋㐤，赵鸿铁，薛建阳，等. 古建木构铺作层侧向刚度的试验研究[J]. 工程力学，2010(03)：74-78.

[75] 隋㐤，赵鸿铁，薛建阳，等. 中国古建筑木结构铺作层与柱架抗震试验研究[J]. 土木工程学报，2011(01)：50-57.

[76] 高大峰，李飞，刘静，等. 木结构古建筑斗栱结构层抗震性能试验研究[J]. 地震工程与工程振动，2014(01)：131-139.

[77] 袁建力，陈韦，王珏，等. 应县木塔斗栱模型试验研究[J]. 建筑结构学报，2011(07)：66-72.

[78] 袁建力，施颖，陈韦，等. 基于摩擦-剪切耗能的斗栱有限元模型研究[J]. 建筑结构学报，2012(06)：151-157.

[79] 邵云，邱洪兴，乐志，等. 宋、清式斗栱低周反复荷载试验研究[J]. 建筑结构，2014(09)：79-82.

[80] 周乾，杨娜，闫维明，等. 故宫太和殿一层斗拱水平抗震性能试验[J]. 土木工程学报，2016(10)：18-31.

[81] 周乾，杨娜，淳庆. 故宫太和殿二层斗拱水平抗震性能试验[J]. 东南大学学报(自然科学版)，2017(01)：150-158.

[82] 高大峰，赵鸿铁，薛建阳. 木结构古建筑中斗栱与榫卯节点的抗震性能——试验研究[J]. 自然灾害学报，2008(02)：58-64.

[83] Xue J Y，Wu Z J，Zhang F L，et al. Seismic damage evaluation model of Chinese ancient timber buildings[J]. Advances in Structural Engineering，2015，18(10)：1671-1683.

[84] 薛建阳，张凤亮，赵鸿铁，等. 古建筑木结构基于结构潜能和能量耗散准则的地震破坏评估[J]. 建筑结构学报，2012(08)：127-134.

[85] 吴亚杰，宋晓滨，顾祥林. 基于摇摆与剪切协同的斗栱节点抗侧荷载-位移模型[J]. 建筑结构学报. DOI:10.14006/j.jzjgxb.2020.0480.

[86] Fujita K，Sakamoto I，Ohashi Y，et al. Static and dynamic loading tests of bracket complexes used in traditional timber structures in Japan[C]. In：Proceedings of the 12th world conference on earthquake engineering，Auckland，New Zealand，2000.

[87] Tsuwa I，Koshihara M，Fujita K，et al. A Study on the size effect of bracket complexes used in traditional timber dtructures on the vibration characteristics[C]. In：10th world conference on timber engineering，Miyazaki，Japan，2008.

[88] D'Ayala D F，Tsai P H. Seismic vulnerability of historic Dieh-Dou timber structures in Taiwan[J]. Engineering Structures，2008，30(8)：2101-2113.

[89] Yeo S，Komatsu K，Hsu M，et al. Mechanical model for complex brackets system of the Taiwanese traditional Dieh-Dou timber structures[J]. Advances in Structural Engineering，2016，19(1)：65-85.

[90] Yeo S Y，Hsu M F，Komatsu K，et al. Shaking table test of the Taiwanese traditional Dieh-Dou timber frame[J]. International Journal of Architectural Heritage，2016，10(5):539-557.

[91] Yeo S Y，Hsu M F，Komatsu K，et al. Damage behaviour of Taiwanese traditional Dieh-Dou timber frame[C]. In：Proceedings of the World Conference on Timber Engineering (WCTE)，Quebec，Canada，2014.

[92] 张鹏程，赵鸿铁，薛建阳，等. 中国古代大木作结构振动台试验研究[J]. 世界地震工程，2002(04)：35-41.

[93] 薛建阳，赵鸿铁，张鹏程. 中国古建筑木结构模型的振动台试验研究[J]. 土木工程学报，2004(06)：6-11.

[94] 薛建阳，张凤亮，赵鸿铁，等. 碳纤维布加固古建筑木结构模型振动台试验研究[J]. 土木工程学报，2012(11)：95-104.

[95] 隋䶮，赵鸿铁，薛建阳，等. 古代殿堂式木结构建筑模型振动台试验研究[J]. 建筑结构学报，2010(02)：35-40.

[96] 赵鸿铁，张凤亮，薛建阳，等. 古建筑木结构屋盖振动台试验及数值模拟[J]. 工业建筑，2011(08)：46-48.

[97] 谢启芳，王龙，张利朋，等. 西安钟楼木结构模型振动台试验研究[J]. 建筑结构学报，2018(12)：128-138.

[98] Wu Y，Song X B，Gu X L，et al. Dynamic performance of a multi-story traditional timber pagoda[J]. Engineering Structures，2018，159：277-285.

[99] 周乾，闫维明，纪金豹，等. 单檐歇山式古建筑抗震性能振动台试验[J]. 文物保护与考古科学，2018(02)：37-53.

[100] Niu Q F，Wan J，Li T Y，et al. Hysteretic behavior of traditional Chinese timber frames under cyclic lateral loads[J]. Materials Testing，2018，60(4)：378-386.

[101] Chen J Y，Li T Y，Yang Q S，et al. Degradation laws of hysteretic behaviour for historical timber buildings based on pseudo-static tests[J]. Engineering Structures，2018，156：480-489.

[102] Shi X W，Chen Y F，Chen J Y，et al. Experimental assessment on the hysteretic behavior of a full-scale traditional Chinese timber structure using a synchronous loading technique[J]. Advances in Materials Science and Engineering，2018(5729198).

[103] Chen J Y，Chen Y F，Shi X W，et al. Hysteresis behavior of traditional timber structures by full-scale tests[J]. Advances in Structural Engineering，2018，21(2)：287-299.

[104] Suzuki Y，Maeno M. Structural mechanism of traditional wooden frames by dynamic and static tests[J]. Structural Control and Health Monitoring，2006，13(1)：508-522.

[105] Maeno M，Suzuki Y，Ohshita T，et al. Seismic response characteristics of traditional wooden frame by full-scale dynamic and static tests[C]. In：13th World Conference on Earthquake Engineering 2004，Canada，No. 1184.

[106] Maeno M，Suzuki Y，Saito S. Moment resistance of traditional wooden structure by dynamic and static tests[C]. In：Proceedings of 8th World Conference on Timber Engineering，Lahti，Finland. 2004，2：493-498.

[107] Yeo S Y，Chang W S，Hsu M F，el al. The structural behaviour of timber frame under various roof weights—using Taiwanese traditional Die-dou timber frame as case study[C]. East Asian Architectural Culture International Conference (EAAC)，NUS，Singapore，2011.

[108] Yeo S Y，Komatsu K，Hsu M F，et al. Structural behavior of traditional Dieh-Dou timber main frame[J]. International Journal of Architectural Heritage，2018，12(4)：555-577.

[109] Mashima K. Earthquake and Architecture[M]. Tokyo：Maruzen Co，1930.

[110] Ban S. Study on statics for structures of temple and shrine part-1[J]. Technical papers of are annual meeting，architectural institute of Japan (A.I.J). 1941，34：252-258.

[111] Kawai N. Column rocking resistance in Japanese traditional timber

buildings[C]. In： Proceedings of the International Wood Engineering Conference，New Orleans. 1996，1(10)：186-190.

[112] Maeno M，Saito S，Suzuki Y. Evaluation of equilibrium of force acting on column and restoring force due to column rocking by full scale tests of traditional wooden frames[J]. Journal of Structural and Construction Engineering，2007，72(615)：153-160.

[113] Maeda T. Column rocking behavior of traditional wooden buildings in Japan[C]. In：10th World Conference on Timber Engineering，Miyazaki，2008.

[114] 张风亮，赵鸿铁，薛建阳，等. 基于摇摆柱原理的古建筑木结构柱架抗侧分析及试验验证[J]. 工业建筑，2013(10)：55-60.

[115] 高潮，杨庆山，王娟，等. 受水平地震作用的古建筑木结构柱非线性响应研究[J]. 建筑结构学报，2018，39(S2)：207-214.

[116] 万佳，孟宪杰，魏剑伟，等. 水平加速度作用下古建筑木构架初始运动状态影响因素的研究[J]. 太原理工大学学报，2020，227(01)：101-107.

[117] Gao C ，Wang J ，Yang Q ，et al. Analysis of rocking behavior of Tang-Song timber frames under pulse-type excitations[J]. International Journal of Structural Stability and Dynamics，2020，20(01)：2050002.

[118] 薛建阳，张风亮，赵鸿铁，等. 单层殿堂式古建筑木结构动力分析模型[J]. 建筑结构学报，2012(08)：139-146.

[119] 王娟，崔志涵，张熙铭. 唐代殿堂型木构架摇摆柱力学模型研究[J]. 工程力学，2021，38(3)：60-72.

[120] Zhao H T，Zhang F L，Xue J Y. The reserch on dynamic properties on the roof in ancient timber buildings[J]. Advanced Materials Research，2011(368-373)：124-129.

[121] 张风亮，赵鸿铁，薛建阳，等. 古建筑木结构屋盖梁架体动力性能分析[J]. 工程力学，2012(08)：184-188.

[122] 陈金永，师希望，牛庆芳，等. 宋式木构屋盖自重及材份制相似关系[J]. 土木建筑与环境工程，2016(05)：27-33.

[123] EN 12512:2006. Timber structures—Test methods—Cyclic testing of joints made with mechanical fasteners[S]. European norm.

[124] Moroder D，Buchanan A H，Pampanin S. Preventing seismic damage to floors in post-tensioned timber frame buildings[J]. New Zealand Timber Design Journal，2013，21(2)：9-15.

[125] Martinelli，E，Falcone R，Faella C. Inelastic design spectra based on the actual dissipative capacity of the hysteretic response[J]. Soil Dynamics and Earthquake Engineering，2017，97：101-116.

[126] Rinaldin G，Amadio C，Macorini L. A macro-model with nonlinear springs for seismic analysis of URM buildings[J]. Earthquake Engineering and Structural Dynamics，2016，45(14)：2261-2281.

[127] Rinaldin G，Fragiacomo M. Non-linear simulation of shaking-table tests on 3- and 7-storey X-Lam timber buildings[J]. Engineering Structures，2016，113：133-148.

[128] Rinaldin G，Amadio C，Fragiacomo M. A component approach for the hysteretic behaviour of connections in cross - laminated wooden structures[J]. Earthquake Engineering and Structural Dynamics，2013，42(13)：2023-2042.

[129] Rinaldin G. So.ph.i. —Software for Phenomenological Implementations，free software，Internet site：http://giovanni.rinaldin.org.

[130] Uang C M，Bertero V V. Implications of recorded earthquake ground motions on seismic design of buildings structures[R]. Report no. UCB/EERC-88/13，Earthquake Engineering Research Center，University of California at Berkeley，1988.

[131] Uang C M，Bertero V V. Evaluation of seismic energy in structures[J]. Earthquake Engineering and Structural Dynamics，1990，19：77-90.

[132] 陈志勇. 应县木塔典型节点及结构受力性能研究[D]. 哈尔滨：哈尔滨工业大学，2011.

[133] 苏军，高大峰. 中国木结构古建筑抗震性能的研究[J]. 西北地震学报，2008(03)：239-244.

[134] 王丽宇，鹿振友，申世杰. 白桦材 12 个弹性常数的研究[J]. 北京林业大学学报，2003(06)：64-67.